YIGANENXINZUOREN

YIZERENXINZUOSHE

以感恩心做人
以责任心做事

潘鸿生◎编著

新 华 出 版 社

图书在版编目（CIP）数据

以感恩心做人，以责任心做事 / 潘鸿生编著 . -- 北京：新华出版社，2019.8

　ISBN 978-7-5166-4825-4

　Ⅰ . ①以… Ⅱ . ①潘… Ⅲ . ①人生哲学－通俗读物
Ⅳ . ① B821-49

中国版本图书馆 CIP 数据核字 (2019) 第 185140 号

以感恩心做人，以责任心做事

编　　著：潘鸿生	
责任编辑：孙大萍	封面设计：U+Na 工作室

出版发行：新华出版社
地　　址：北京石景山区京原路 8 号　　邮　　编：100040
网　　址：http://www.xinhuapub.com
经　　销：新华书店、新华出版社天猫旗舰店、京东旗舰店及各大网店
购书热线：010-63077122　　中国新闻书店购书热线：010-63072012

照　　排：博文设计制作室
印　　刷：永清县晔盛亚胶印有限公司

成品尺寸：145 mm×210mm　1/32
印　　张：7　　　　　　　　字　　数：150 千字
版　　次：2019 年 9 月第一版　　印　　次：2019 年 9 月第一次印刷

书　　号：ISBN 978-7-5166-4825-4
定　　价：38.00 元

前　言

　　人生一世，无外乎两件事：一是做人，一是做事。感恩心是做人的基本原则，有感恩心才能踏踏实实做人；而责任心是做事成功的保障，有责任心才能勤勤恳恳做事。

　　感恩是一种做人的道德准则，是一种为人处事的哲学，也是一种生活中的大智慧。英国著名思想家培根曾说："学会了感恩，你就学会了做人。"然而生活中的很多人，很多时候不仅不懂得去感恩，还总是牢骚满腹。他们对于生活充满了太多的抱怨，抱怨没有更多的物质和金钱、没有更好的职业、没有更好的家庭背景……要知道，你感恩生活，生活才会赐予你灿烂的阳光；若你只知一味地怨天尤人，最终可能一无所有！

　　懂得感恩是一个人优良品质的重要体现。这样的人方能成为优秀的人、成功的人。在生活中，只要你懂得感恩，就会发现感恩的力量无比强大，它能让你每天充满激情和活力，

以感恩心**做人** 以责任心**做事**

让你周围的人愿意信赖你、帮助你，让你明白工作的意义和人生的真谛，让你的工作变成能够体现人生价值的事业而不是谋生的手段，从而实现从平凡到卓越的飞跃。

在人生道路上，感恩是一种力量，而责任是一种信仰。大量事实证明，责任能够使一个人真正地明白人生与工作的意义所在，责任能够指明一个人应该努力的方向。有责任感的人，决不会只为薪水和金钱而去工作，因为责任会使他明白，为自己去工作、为公司去工作、为自己心目中的理想和使命去工作，这样人生才会变得更加充实而有意义。

责任，是一种与生俱来的使命。因为有了强烈的责任心，我们就会对自己的工作表现出积极、认真、严谨的态度。切实履行责任，尽职尽责地对待自己的工作，才能展现自身的能力与价值。

成功的秘诀就在于——以感恩心做人，以责任心做事。只有怀感恩心做人，你才能知晓做人的感恩之道，从而获得更多的幸福；只有以责任心做事，你才能化职责为前进的动力，并将这样的动力转化成优秀的永动机。以感恩心做人，以责任心做事。那么我们每个人的家庭必温馨美满，事业必成功。

本书引用生动的案例，以深入浅出的说理，通过对感恩与责任精神的深入解读，让读者认识到一个人只要懂得知恩感恩、工作以责任心为重，才能在职场中迅速成长起来，一步步走向优秀，最终成就事业的辉煌。

目　录

上篇：感恩心做人

下篇：责任心做事

第一章　自我问责：

上篇：
感恩心做人

第一章 态度于先：懂得感恩，方知做人

漫步人生路，常怀感恩心

感恩是人类心灵深处的一种思维活动，是人们感激社会、感激生活、感激他人的一种情感，是平抑欲望、净化心灵、热爱生活、乐观向上的美好心境。怀感恩之心的人，有颗美好的心灵，生活也会更积极向上。

英国哲学家约翰·洛克曾说过："感恩是精神上的一种宝藏。"一个懂得感恩的人，才是幸福而又幸运的人。一颗感恩的心，是人类心田中最真、最善、最美的种子。它发芽之后，会开出爱心之花，结出善良之果。而我们的人生也将由此进入与众不同的新世界。

那是一个感恩节的清晨，有一家人睡醒了，却极不愿起

床，他们不知道如何以感恩的心过这一天，因为他们的生活太窘迫了，几乎连吃饭的钱都没有了，更别想什么圣诞节的"大餐"了。

如果他们能提早联系一下当地的慈善团体，或许就能分得一只火鸡了，可是他们没有这么做，他们的自尊心很强，至少不想让别人把他们当成乞丐一样看待。所以，是怎么样就怎么过这个节。

俗话说：贫贱夫妻百事哀。贫穷往往是争吵的源泉，这对夫妇为了一点小事争吵起来。随着争吵的升级，火药味越来越重，家里的孩子在一旁吓坏了，只觉得自己是那么的无奈和无助。然而命运就在此刻改观了……

"咚咚咚"，响起了沉重的敲门声，男孩跑去开门。此时，门外出现了一个高大的男人，满脸的笑容，手里还提着个大篮子，里头满是各种能想到的应节东西：一只火鸡、塞在里面的配料、厚饼、甜薯及各式罐头等，全是感恩节大餐必不可少的。

面对着眼前的景象，这家人顿时愣住了。门口的那个高大的男人开口说道："这份东西是一位知道你们有需要的人要我送来的，他希望你们晓得还是有人在关怀和爱你们的。"

这一家人都很意外，家庭中的爸爸起初还极力推辞，不肯接受这份礼，可是那个男人却这么说："得了，我也只不过是个跑腿的。"带着微笑，他把篮子搁在小男孩的臂弯里转身离去，身后飘来了这句话："感恩节快乐！"

从那一刻起，小男孩的生命从此就不一样了。那个陌生男人的关怀，让他晓得人生始终存在着希望，随时有人——即使是个"陌生人"——在关怀着他们。在他内心深处，油然兴起一股感恩之情，他发誓日后也要以同样方式去帮助其他有需要的人。

时间过得很快，转眼这个小男孩到了18岁，他有了一份工作，终于有能力来兑现当年的许诺。虽然收入还很微薄，在感恩节期间他还是买了不少食物，不是为了自己过节，而时去送给两户极为需要的家庭。

他打扮成成送货员的模样，开着自己那辆破车亲自送去。当他到达第一户破落的住所时，前来应门的是位拉丁妇女，带着提防的眼神望着他。她有六个孩子，数天前丈夫抛下他们不告而别，目前正面临着断炊之苦。

这位年轻人开口说道："我是来送货的，女士。"随之他便回转身子，从车里拿出装满了食物的袋子及盒子，里头有一只火鸡、配料、厚饼、甜薯及各式的罐头。见此，那个女人当场傻了眼，而孩子们也爆出了高兴的欢呼声。

这位年轻妈妈感动的说不出话来，突然，攥起年轻人的手臂，没命地亲吻着，同时操着生硬的英语激动地喊着："你一定是上帝派来的！"年轻人有些腼腆地说："噢，不，我只是个送货的，是一位朋友要我送来这些东西的。"

随之，他便交给妇女一张字条，上头这么写着："我是你们的一位朋友，愿你一家都能过个快乐的感恩节，也希望你们知道有人在默默爱着你们。今后你们若是有能力，就请同样把这样的礼物转送给其他有需要的人。"

年轻人把一袋袋的食物仍不停地搬进屋子，使得兴奋、快乐和温馨之情达到最高点。当他离去时，那种人与人之间的亲密之情，让他不觉热泪盈眶。回首瞥见那个家庭的张张笑脸，他对自己能有余力帮助他们，内心一股感恩之心。

他的人生竟是一个圆满的轮回，年少时期的"悲惨时光"原来是上帝的祝福，指引他一生以帮助他人来丰富自己的人生，就从那二次的行动开始，他展开了不懈的追求，直到今日。

感恩是一种对恩惠心存感激的表示，是每一位不忘他人恩情的人萦绕心间的情感，它是一种文化素养，是一种思想境界，是一种生活态度，更是一种社会责任。它会让我们的生活、社会更和谐、更幸福。感恩体现了人与人之间交往的准则，也是人与人之间一种凝聚力的内核。感恩可以消解人们内心所有的积怨，会让人心向善，让爱化解心中的怨愤，涤荡世间一切尘埃。如果我们每个人都能感恩思报，做到恩恩相报、善念存心，人间的真情至爱便可代代薪火相传，便可产生爱的"叠加""裂变"和"良性循环"，人与人、人与自然、人与社会才会变得更加的和谐，我们自身也会因此变得愉快而又幸福。

感恩是一种境界，人只要活着，就应该感恩。学会感恩，就会善待自己，更好的生活；学会了感恩，就会懂得宽容，不再抱怨，不再计较；学会感恩，我们便能以一种更积极的态度去回报我们身边的人；学会感恩，我们会抱着一颗感恩之心，去帮助那些需要帮助的人；学会感恩，我们会摒弃那些阴暗自私的欲望，使心灵变得澄清明净……

做人要有感恩的情怀

人的一生要想活得幸福快乐，受人欢迎喜爱，走得更为长远，有一项能力必不可少，那就是感恩能力。心理学中是这样解释感恩的含义：个体对他人、社会和自然给予自己的恩惠和方便产生认可，并意欲回馈的一种认知、情感和行为。感恩，其实贯穿我们生命成长每个阶段，如果在我们的心中培植一种感恩的思想，则可以沉淀许多的浮躁、不安，消融许多的不满与不幸。只有心怀感恩，我们才会生活得更加美好。

"感恩"是一种发自内心的生活态度。学会感恩，是为了擦亮蒙尘的心灵而不致麻木，学会感恩，是为了将无以为报的点滴付出永铭于心。感恩不只是一种对生命馈赠的欣喜，也不只是对这一馈赠所给予的言辞的回馈；感恩是用一颗纯洁的心去领受那付出背后的艰辛、希望、关爱和温情。拥有一颗感恩的心，你会觉得幸福快乐。

"感恩"之心，是我们每个人生活中不可或缺的阳光雨露，一刻也不能少。没有阳光，就没有温暖的日子；没有水，就不会有生命；没有雨露，就不会有五谷丰登；没有父母，就不会有我们自己；没有亲朋师长，就不会有我们今天的成长！这些浅显的道理我们都懂，但是我们缺乏的恰恰是对感恩的认识，常常忘却

以感恩心**做人** 以责任心**做事**

要有感恩的心态。一个心中不知道感恩的人，是永远不会满足的人，也是一个不懂得珍惜现在所拥有的人。他们整天只会怨天尤人，搞的自己痛苦不堪。

在感恩节期间，有一位男子垂头丧气地来到教堂，坐在牧师面前，他对牧师诉苦："人们都说感恩节要对上帝献上自己的感谢之心，如今我一无所有，失业已经大半年了，工作找了10多次，也没人用我，我没什么可感谢的了！"牧师问他："你真的一无所有吗？上帝是仁慈的，神依然爱你，你没觉得？好，这样吧，我给你一张纸，一支笔，你把我问你答的记录下来，好么？"

1：牧师问他："你有妻子吗？"

他回答："我有一个十分善良的妻子，她不因贫穷而离开我，她还爱着我。相比之下，我的愧疚也更深了。"

2：牧师问他："你有孩子吗？"

他回答："我有孩子，3个男孩，2个女孩，他们都十分可爱，虽然我不能让他们吃最好的，受最好的教育，但孩子们很争气。"

3：牧师问他："你胃口好吗？"

他回答："呵，我的胃口好极了，由于没什么钱，我不能最大限度地满足我的胃口，常常只吃7成饱。"

4：牧师问他："你睡眠好吗？"

他回答："睡眠？呵呵，我的睡眠棒极了，一碰到枕头就睡熟了。"

5：牧师问他："你有朋友吗？"

他回答："我有朋友，因为我失业了，他们不时地给予我帮助！而我无法回报他们。"

6：牧师问他："你的视力如何？"

他回答："我的视力好极了，我能够清晰看见很远地方的物体。"

于是他的纸上就记录下这么6条：1.我有位好妻子；2.我有5个好孩子；3.我有好胃口；4.我有好睡眠；5.我有好朋友；6.我有好视力。

牧师听他读了一遍以上的6条，说："祝贺你！感谢我们的上帝，他是何等地保佑你，赐福给你！你回去吧，记住要感恩！"

他回到家，默想刚才的对话，照照那久违的镜子："呀，我是多么的凌乱，又是多么的消沉！头发硬的像板刷，衣服也有些脏……"

后来，他带着感谢神的心，精神也振奋不少，他找到了一份很好的工作。

做人心存感恩，你就不会有太多的抱怨。感恩是一种歌唱生活的方式，它源自人对生活的真正热爱。感恩之心足以稀释你心中的狭隘和蛮横，更能赐予人真正的幸福与快乐。心存感恩，你就会感到幸福。

感恩是人生的一堂必修课，是一切生命美好的基础。我们仔细观察一下，你就会发现生活中总有值得感恩的一切，不要责怪现实给予我们太少，问询一下我们的心，是不是自己向现实要的太多，要得太理所当然了，忘记了得到的快乐，忘记了感恩。人之所以不开心，也就在于此。

感恩是一种美德，也是一条人生基本的准则。英国著名思想家培根曾说："学会了感恩，你就学会了做人。"生活中的很多人，很多时候不仅不懂得去感恩，还总是牢骚满腹。他们对于生活充满了太多的抱怨，抱怨没有更多的物质和金钱、没有更好的职业、没有更美的容颜、没有更好的家庭背景……要知道，你感恩生活，生活才会赐予你灿烂的阳光；若你只知一味地怨天尤人，最终可能一无所有！拥有感恩的心，会让我们换一种角度去看待人生的失意与不幸，会使我们在失败时看到差距，在不幸时得到慰藉。对生活时时怀一份感恩的心情，才会使自己永远保持健康的心态、进取的信念。

生活中，我们要常怀感恩之心——感恩现在、过去和将来；感恩父母、老师和他人；感恩自己的努力和社会的恩赐。只有这样，我们的内心才会充实，头脑才会理智，眼界才会开阔，人生才会赢得更多的幸福。

学会感恩，生活才会更美好

感恩是一种处世哲学，是一个人对自己和他人以及社会关系的正确认识；感恩也是一种责任，知恩图报，有恩必报，它不仅是一种情感，更是一种人生境界的体现。从道德的意义上看，人家帮助你，你当然要回报别人，这是善良和高贵的象征；从现实的角度看，如果当一个人受到他人的帮助时却不但不思回报，甚至恶意相向，那么，这个世界将会变得如何的浑浊黑暗？

感恩是人性真善美的具体体现，是一种最诚挚的生活态度；感恩是每个人应有的道德准则，是做人的最起码的修养。然而在当今社会，感恩却是一种普遍缺失的生活态度和品德素养。在这个物质生活丰富的时代，我们常常对周围的一切不以为然，往往把金钱和利益看得太重，忽视了人与人之间的感情。觉得父母照顾我们，朋友关心帮助我们都是理所当然的，忙忙碌碌的生活，让我们忘记了感恩，也无暇去感恩，有意无意中伤害了那些对我们有恩的人，这不能不说是一种悲哀。

曾听过这样一个故事：

有一个富商得知有5个贫困孩子生活窘迫，没钱读书，就资助了他们。一年后，这5个孩子突然收不到每个月给他们的资助费了，原来富商的公司遇到了财务危机而且马上就要破产了，所以没有办法再继续资助他们了。富商的心情很沮丧而且感觉到自己很失败，同时也觉得自己对不能在继续帮助这些孩子而感到悲伤，同时对竟没有一个孩子关心他现在的情况而感到失望。

5个被资助的孩子，突然失去了富商的赞助，他们的生活又回到了原来的样子。他们不知道为什么这位好心的叔叔不肯再继续资助他们了，再后来听说那个富商又再继续资助他们5个孩子之中的一个孩子了，这五个之中的另一个孩子着急了，他也多么希望幸运的光环再次可以降临到自己的头上，所以他顾不得心里的忐忑给那位富商打了一个电话，当电话里传来富商那和蔼可亲的声音时，孩子问到，"您能也再继续资助我吗？我真的很需要您的帮助！"富商在电话那边沉没了半分钟说道："孩子，你有没有想过为什么我又再次资助另一个而没有再次资助你们吗？当我心情最低落的时候，我以为我再也不能够东山再起了，可是我收到了一通意外的来电，就是那个我再次资助的孩子打给我的，他在电话中说到不知道我是因为什么原因不能再继续资助下去了，但是他还是很感谢我这些年来对他的帮助……后来我又重新打起精神，事业也在我不断的努力下起死回生，所以当我又有能力的时候，我决定继续资助这个孩子，至于你们，我只能说感到很抱歉，因为我不能再帮助一些永远不知道感恩而只知道一味索取的人……"是呀，他从来都只知道接受富商每个月的赠予，从来不曾想过要感谢别人的这份爱心，自己接受的理所当然，就算是后来收不到钱了，自己也没想过是什么原因他不再资助自己了，从没有关心过这个问题……听到这里这个孩子感到无比的羞愧，脸红的放下了电话。

俗话说："滴水之恩，当涌泉相报""投之以桃，报之以李"……然而现在，我们也不得不承认这样一个事实：知道感恩的人不太多了！

现实生活中，有些人把太多事情视为理所当然，因此心中毫无感恩之念。既然是当然的，何必感恩？一切都是如此，他们应该有权利得到的。其实正是因为有这样的心态，这些人才会过的一点也不快乐。

美国曾经流传着这样一个故事，有一家人围坐在餐桌前吃饭，母亲端上来的却是一盆稻草。全家人都很奇怪，不知道这究竟是怎么一回事，母亲说："我给你们做了一辈子的饭，你们从来没有说过哪怕一句感谢的话，称赞一下饭菜好吃，这和吃稻草有什么区别！"

看看，连世上最不求回报的母亲都渴望听到哪怕一点感谢的回声，那么我们对待别人给予的帮助和恩惠，不需要答恩言谢吗？

我们都知道，鸦有反哺之义，羊有跪乳之恩，连动物间都懂得感恩，更何况身为万物之灵的人类呢？所以，我们要学会感恩——感恩父母的恩惠，感恩师长的恩惠，感恩每个人对我们的恩惠，感恩国家的恩惠。没有父母的养育，没有师长的教诲，没有他人的帮助，没有国家的爱护，我们怎么能生存呢？因此，感恩不仅是一个人必须具备的优秀品格，更是做人的根本。

感恩是人生的一堂必修课。心存感恩才会知足惜福，人生路上永远需要一颗感恩的心。感恩是对生命恩赐的领略，感恩是对生存状态的释然；感恩是对现在拥有的在意，感恩是对有限生命的珍惜；感恩是对赐予我们生命的人的牵挂，感恩是对陌路关爱的回敬。

感恩是一种回馈生活的方式，它源自对生活的爱与希望；它是我们的力量之源、爱心之根，是我们成就阳光人生的支点、获得幸福生活的源泉。感恩父母的养育呵护，让我们体验了生命的精彩；感恩师长的传道授业，让我们开化了蒙昧；感恩朋友的风雨同舟，让我们渡过了难关；感恩爱人的相濡以沫，让我们感受到家的温暖；感恩生命的存在，让我们得以感受人间的关爱；感恩自然的多姿多彩，使我们拥有了生机勃勃的世界……感恩让大爱在人们中间传递，让我们的生活充满灿烂阳光。

学会感恩，就是要学会不忘恩负义；学会感恩，就是要学会谦虚本分；学会感恩，就是要学会多一份爱，少一份恨；学会感恩，就要怀抱敬畏之心；学会感恩，就不要再沉溺于财富和权力；学会感恩，永远也不忘了说一声"谢谢"。

心中有爱，世界才有色彩；心中有感恩，生活才有希望。懂得了感恩，学会了感恩，才能拥有真正的快乐，拥有幸福的人生。

成功者都有一颗感恩的心

感恩是一种智慧，也是一个人成长的催化剂，会让我们更快地接近成功。从某种意义上讲，感恩是平庸与卓越的分水岭。只有那些懂得爱和感恩的人，才能获得最大的成功。因此要想在事业上获得更大的发展，就必须拥有一颗感恩的心。

在日本"推销之神"原一平的奋斗史中，最受人们推崇的是"三恩主义"，即社恩、佛恩和客恩。

作为日本保险业的"推销之神"，原一平并没有傲慢自大，反而谦恭为怀，时时刻刻感谢公司的栽培，认为没有公司提供的平台，就没有他今日的成就，因此他十分尊敬公司，连晚上睡觉都不敢把脚朝向公司的方向。这就是社恩。原一平认为自己的成功，除了自己的刻苦奋斗之外，串田董事长的知遇和栽培功不可没。不过，他内心里最感谢的是启蒙恩师吉田胜逞法师、伊藤道海法师，没有他们的一语道破及指点迷津，或许他还只是一名普通的推销员。这就是佛恩。他对参加保险的客户以及周围合作的同事心怀感激，这就是客恩。原一平自称，他的所得除10%留为己用外，其余皆回馈给公司及客户。由于对公司怀着感恩之心，原一平处处为公司的利益着想，为客户提供无微不至的服务，从而提升了自己的能力，得到上司和客户的回赠，登上了事业的高峰。

感恩是一种良好的心态，心存感恩的人更容易获得机会，机会又将召唤成功。怀着感恩的心去工作，你就不会产生抱怨，不会在困难面前退缩，你会对工作倾注全部热情，将无限的激情投入到工作中去，从而迸发出无限的工作创意，体会到巨大而实在的成就感。一个懂得感恩的人，才能成就他生命的高度，成就事业的辉煌和人生的幸福。所以，懂得感恩，更容易成功。

当你心怀感激，忠心地为公司工作时，公司也一定会为你设计更辉煌的前景，提供更好的发展机会。作为企业的一员，感恩是一个员工优秀品质的重要体现，只有心怀感恩，才能快乐工作；才能珍惜岗位，爱岗敬业，勤勤恳恳做事，踏踏实实做人；

才能免除浮躁，去掉私心，不会过多地计较个人的得失，把自己全身心地融入集体的大家庭之中。当然，你的努力与付出也会得到回报，你的诚信将得到大家的认可，你对自己的工作会更有成就感，你会感觉你的生命更加灿烂，生活更加充实，你的事业也更容易成功。

在某国有企业中，有一位年近50岁的业务员，他在业内已经非常有名了，连续9次取得销售前10名的成绩，有房有车，衣食无忧，但仍在努力奋斗。

有人问他："为什么还这么拼命？"他说："每当我想起董事长刚到企业时，为我公正地解决了后顾之忧，以及他对我的谆谆教诲，我怎能辜负厚望？！每当回忆起各位领导不辞辛苦地多次帮助我们解决难题，付出了很多艰辛努力，我有什么理由不奋斗？每当听到同事深夜连孩子生病都顾不上为赶制标书而发来的传真声，我有何脸面不奋斗？每当看到电气公司一流的现场管理和售前、售后服务，以及发货部门和车间广大员工不论严冬酷暑，都在为企业勤勤恳恳地工作，我安心不奋斗吗？"

还有人对他说："过几年就50岁了，已经是'奔五'的人了，还能英雄几年，何苦呢，急流勇退，见好就收吧。"

而这位业务员说："奔五怎么了？奔五就是计算机新一代中央处理器，速度比奔四、奔三还快呢。奔五不就是多添几根白发、几道皱纹，在脸上留下沧桑的痕迹吗？女人因为有人欣赏而美丽，男人因为经历沧桑而有内涵。朱德庸讲过：'男人的皱纹就是男人的魅力所在。'只有奋斗，心才不会老；只有奋斗，人才会有精神；只有奋斗，人生才有价值。我是一位老销售员，不是老头子的'老'，是老虎的'老'，为了大家的期待，为了兑现我承诺的目标，我一定会奋斗到底！老骥伏枥志在千里，拼搏商场苦为乐！"

在这个世界上，那些成功者时刻都抱着一颗感恩的心，对工作感恩，对工作负责，他们也因此总是能在工作的过程中展现出各种优秀的品质，进而得到上司的青睐和赏识，得到成功的机会。只有那些失败者才会将自己得到的一切都视之为理所当然，而他们也因此不思进取，碌碌无为。

感恩既是一种良好的心态，也是一种成功的智慧。一个容易把别人的恩情忘在脑后的人是很难走向成功的，因为，那些帮助过他的人会因为得不到他的回应而离他远去。当他下次再需要帮忙时，他们可能就不会再伸出援手了，成功也会离他越来越远。相反，能够怀着一颗感恩之心，向所有有恩之人表达感谢的话，当我们再碰到困难时，他们怎么会袖手旁观呢？他们的帮助无疑会让我们更容易到达成功的彼岸。

成功者都有一颗懂得感恩的心！每一个人都想成就一番事业，然而，没有哪一种事业的成功是那么轻而易举、唾手可得的。它需要的不仅是才华、能力、意志和决心，同时它还需要别人在关键时刻拉自己一把。只有懂得感恩的人，才能得到他人持续的支持和帮助，才能一直走在成功的路上。

感谢他人，养成说"谢谢"的习惯

有这样一个小故事：

有两个人同时去见上帝，问上帝去天堂的路怎么走。上帝见他们饥饿难忍，就先给了每个人一份食物。

一个人接过食物，真诚地说了一声"谢谢"；另一个人则无动于衷，好像就应该给他似的。然后，上帝只让那个说"谢谢"的人上了天堂，另一个则被拒之门外。

站在天堂外的人不服气："我不就是忘了说'谢谢'吗？"

上帝说："不是忘了，是没有感恩的心，所以说不出感谢的话；不懂得感恩的人，不知道爱别人，也得不到别人的爱。"

那个人还是愤愤不平："少说一句'谢谢'，差别就这么大吗？"

上帝又说："是啊。因为，上天堂的路是用感恩的心铺成的，上天堂的门只有用感恩的心才能打开，而下地狱则不用！"

的确，天堂与地狱只是一线之隔，关键是看你是否懂得感谢。生活中也是如此。很多人帮助了我们，我们是否认为是理所当然，接受了别人的帮助之后，我们是否想起说一句"谢谢"？

说一句"谢谢"，从表面上来看，是一种礼仪、礼貌，是一种人际交往的表达形式。但这种外在的形式是以仁爱、感恩、品德作支撑的。

一个可怕的暴风雨和雷电交加的晚上，一艘蒸汽渡轮撞上一艘满载木材的货轮。船在渐渐沉没，船上393名乘客全部掉入密歇根湖水之中。他们拼命挣扎着等待救援。

一位名叫史宾塞的年轻人奋勇跳入冰冷的湖水中，一次又一次救出溺水者。当他从寒彻入骨的湖水中救出第17个人之后，终因筋疲力尽而虚脱，再也无法站起来。

从此之后，他在轮椅上度过了自己的余生。多年后，一家报纸采访他，问到那晚之后最难忘的是什么，史宾塞的回答是："17个人当中，竟没有一个人向我说声谢谢。"

那位因奋力救人而把自己余生放进轮椅的青年，他所要的不仅仅是一声谢谢，更是对他人格和行为的赞美，然而他失望了。把心中的感激和赞美说出来吧，也许因为你一句赞美的话，就会有一个人不用伴着破碎的心和受伤的灵魂入睡。

"谢谢"是一种礼貌、一种习惯。说"谢谢"，反映了一个人的态度：感恩、谦卑。一声"谢谢"，虽然微不足道，却体现了一个人的素养。

以感恩心**做人** 以责任心**做事**

　　某高校的一批应届毕业生，被导师带到北京某实验室里参观实习。他们坐在会议室里，等待实验室王科长的到来。这时，有位实验室的服务人员来给大家倒水，同学们表情漠然地看着她忙活，其中一个还问："有矿泉水吗？天太热了。"

　　服务人员回答说："真抱歉，刚刚用完。"

　　学生们顿时怨声一片。

　　只有轮到一个叫潘杰的学生时，他轻声地说："谢谢，大热天的，辛苦了。"

　　这个服务人员抬头看了他一眼，满含着惊奇，因为这是她当时听到的唯一的一句感谢话。

　　这时候，王科长走进来和大家打招呼，可能大家已经等得不耐烦了，竟没有一个人回应，王科长也感到有点尴尬。潘杰左右看了看，犹犹豫豫地鼓了几下掌，同学们这才稀稀落落地跟着拍起手来，由于掌声不齐，显得有些零乱。

　　王科长挥了挥手说："欢迎同学们到这里来参观。平时这些事一般都是由办公室负责接待，因为我和你们的导师是老同学，非常要好，所以这次我亲自来给大家讲一些有关的情况。我看同学们好像都没有带笔记本。这样吧，秘书，请你去拿一些我们实验室印的纪念手册，送给同学们作个纪念。"

　　接下来，更尴尬的事情发生了，大家都坐在那里，一个个很随意地用一只手接过王科长双手递过来的纪念手册。

　　王科长的脸色越来越难看，走到潘杰面前时，已经快要没有耐心了。

就在这时，潘杰礼貌地站起来，身体微倾，双手接过纪念手册，恭恭敬敬地说了一声："谢谢您！"

王科长闻听此言，不觉眼前一亮，用手拍了拍潘杰的肩膀："你叫什么名字？"

潘杰很礼貌地回答了自己的姓名，王科长点头微笑回到自己的座位上。

早已汗颜的导师看到此情景，才微微松了一口气。

两个月后，在毕业生的去向表上，潘杰的去向栏里赫然写着这个实验室的名字。有几位颇感不满的同学找到导师问："潘杰的学习成绩最多算是中等，凭什么选他而没选我们？"

导师看了看这几张因为年轻而趾高气扬的脸，笑道："潘杰是人家实验室点名来要的。其实，你们的机会不仅是完全一样的，而且你们的成绩还比潘杰好，但是除了学习之外，你们需要学的东西还有很多，礼貌便是重要的一课。"

成功看似偶然，却隐藏着必然。一声"谢谢"，虽然微不足道，却体现了一个人的素养，也许能够在关键时刻改变人的命运。在接受别人帮助时，道一声感谢，是对别人文明之举的一种肯定，同时也体现了一个人的教养。

一句简单的"谢谢"，这不仅是感谢别人的方式，也是对别人所付出劳动的一种肯定和一种鼓励，更是对别人所付出劳动的一种最起码的尊重。仅仅是一声"谢谢"，虽然只是一个简简单单的词语，就足以让内心充满暖意，足以代表你的真诚。所以，我们要时刻怀着感恩的心，学会道谢，并让道谢成为一种习惯。

以感恩心**做人** 以责任心**做事**

　　面对恩情，你首先会想到你的父母，只要记住父母的养育之恩，真诚地对他们说声"我爱你"，不管他们会不会亲吻你，理解你，你都会感受到幸福正包围着你；面对恩情，你不会忘记你的老师，只要记住老师的教育之恩，永远地对他们说声"谢谢你"，不管他们在不在世上，会不会回答你，你都会觉得爱在簇拥着你；面对恩情，你会想起所有关心和帮助过你的人，只要记住他们的知遇之恩，及时地说声"谢谢你"，不管他们是不是还记得你，你的心里都不会留下什么遗憾。面对恩情，你也要想起那些曾经羞辱你的人，只要记住是他们让你成长，让你成熟，在心里默默的对他们说声"谢谢你"，不管他们是不是出于好心，你却更加完善了自己……

　　学会说声"谢谢"，其实不难，不要觉得难为情，不要觉得谢谢起不了什么作用。学会说谢谢，将会成为你人生道路上的"润滑剂"，将会减少人际摩擦，滋润人际关系，有助成就事业。所以，对于不管什么人给予自己的哪怕是再微不足道的帮助和关怀，也不要忘记说声"谢谢"。

第二章 不忘他人：
任何人都值得你去感谢

感恩父母，谢谢他们给予了你生命

在人的一生中，对自己恩情最深的莫过于父母，是父母给予了我们生命，是父母辛勤地养育着我们，我们的成长凝结着父母的心血，所以我们要牢记父母的恩情，感恩父母。

父母是我们人生的第一任老师，从一个孩子呱呱坠地的那一刻起，他的生命就倾注了父母无尽的爱与祝福。或许，父母不能给我们奢华的生活，但是，他们给予了一个人一生中不可替代的——生命。父母为子女撑起了一片爱的天空，当你受伤、哭泣时、忧郁时、难过时，你可以随时回到这里，享受父母的爱。父母的爱在我们的成长中，始终平凡的存在着，没有海誓山盟，没有海枯石烂，没有甜言蜜语。可父母所给予的爱却比一切来得更长久，来得更贴心。

感恩父母，懂得去体会来自外界的一切恩赐，我们才能更幸福。感恩父母从点点滴滴做起，并不是轰轰烈烈的壮举才算是孝敬。哪怕是一件微不足道的事，只要能让他们感到欣慰，这就够了。作家毕淑敏曾言"孝心无价"——也许是大洋彼岸的一只鸿雁，也许是近在咫尺的一个口信。也许是一顶纯黑的博士帽，也许是作业簿上的一个"好"字。也许是一桌山珍海味，也许是一枚野果、一朵小花。也许是花团锦簇的盛世华衣，也许是一双洁净的旧鞋。也许是数万计的金钱，也许只是含着体温的一枚硬币——但在"孝"的天平上是等价的。

《论语》中记载着这样一个故事：

> 孟懿子是春秋时期鲁国显赫的大贵族。有一次，他问孔子什么是孝，孔子说："孝就是不要违背礼。"过了一会，孔子出行。樊迟给孔子驾车，孔子告诉他刚才的事，说："孟孙问我什么是孝，我回答他说不要违背礼。"樊迟说："不要违背礼是什么意思呢？"孔子说："父母活着的时候，要按礼侍奉他们；父母去世后，要按礼埋葬他们、祭祀他们。"

孔子用一句话为孟懿子解释了如何尽孝道，就是不要违背礼。具体来说也就是要做到，父母的冷暖要关心，父母的饮食起居要关心，父母的情绪要关心，父母的身体状况，更要关心！这是做儿女的义不容辞的义务。

古训有"百善孝为先"之说，子女对待父母的"孝"，无论什么方式，无论这种方式是丰厚还是微薄，只要是向父母献上一份孝心，这种感情都是无比珍贵和美好的。《诗经》上有一句"哀哀父母，生我劬劳"，感叹和赞美了父母的养育之恩。唐朝孟郊诗云："谁言寸草心，报得三春晖。"更是表达了孝敬父母的渴望。而"祭而丰不如养之厚，悔之晚何若谨于前"的古训，则督促后辈履行对父母的赡养和孝敬。可以说，以孝敬长辈为核心的家庭美德，几千年来代代相传，形成了中华民族伦理观念和道德品质的精华部分。

闵子骞是周朝时期的人。幼时丧母，父娶某姓女为继室。闵子骞素性讲孝，对待继母像生母一样孝顺。后来继母接连生了两个儿子，于是对闵子骞开始憎恶起来。总是在丈夫面前说子骞的坏话，挑拨子骞与父亲的关系。

冬天到了，天气十分寒冷。后娘为两个亲生儿子做的棉衣，内面铺的是十分暖和的棉花；而给子骞做的棉衣，内面铺的是一点也不暖和的芦花。芦花是水中生长的芦草，到处飞扬的那个轻飘飘的花，哪里能御寒呢？所以，子骞穿着觉得冷得很，好像没有穿衣一样。而这位后母反而向丈夫说："子骞不是冷，他穿的棉衣也是厚厚的。是太骄养了，故意称冷。"

一天，父亲要外出，子骞为父亲驾驶车马，一阵阵凛冽的寒风吹来，子骞冷得战栗不已，手冻得拿不稳马的缰绳，将缰绳掉到了地上，马将车子差点儿拉下了悬崖。父亲大怒，气得扬起马鞭，将子骞猛打。子骞的棉衣被打破了，内面的芦花飞了出来。父亲这才明白了一切。立即回家责骂后妻，要将狠毒的女人赶出家门，将这个心恶女人休掉。后妻像木头一样，呆呆地立着，羞愧得无话可说。子骞跪在父亲面前，哭着劝父亲说："母在一子寒，母去三子单，请不要赶走母亲。"

好一句"母在一子寒，母去三子单"。这句话不知让多少人所为之动容，就是闵子骞的继母也被感动后悔不已，从此待闵子骞如亲子，这就是孝行的感化和伟大所在。

孝是人的本份，是义不容辞的责任，是人类最真最善的行为，它和我们常说的感恩是一个意思。

孝敬父母、感恩父母是我们中华民族的传统美德，是做人的基本道德。一个人如果对给予自己生命和辛勤哺育自己长大的父母都不知报答，不知孝敬，那就丧失了人生来就该有的良心，也丧失了道德。试想一下，一个连生养自己的父母都不爱，怎么能去爱别人呢？可见，人世间一切的爱都需要从对父母的爱开始。

我们要感恩父母。是父母给了我们生命，呵护着我们成长。母爱似水，父爱如山。是父母给了我们世界上最伟大而崇高的亲情，是父母让我们真正懂得了什么是骨肉至亲，是父母用无私无悔的爱与奉献滋润着我们。

感恩朋友，谢谢他们一路陪伴

古人云："钟期久已没，世上无知音"。巴金也说过："友情在我过去的生活就像一盏明灯，照彻了我的灵魂，使我的生存有了一点光彩。"

朋友，是我们生命中不可缺少的伙伴；朋友，是我们需要帮助的时候最温暖的词语。当我们在这个世界遭遇伤害的时候，朋友的肩膀是你最安心的依靠；当我们经历最难度过的岁月时，朋友的相伴是人生中最感恩的事情；当我们获得一切成就开始得意忘形时，朋友会及时指出帮助我们改正。

朋友，真的就像是一杯酒，酒是陈的香，时间越久味道越浓香，朋友也是越老的交情越深。正是因为朋友的可贵，我们更加应该怀着一颗感恩的心，好好去珍惜每一段友情。

或许在交往之初，你们彼此惺惺相惜，非常投缘。但时间长了便会产生各种矛盾和误解。此时如果我们没有感恩之心，那么曾经再好的朋友也将会分道扬镳。

阿拉伯著名作家阿里，有一次和吉伯、马沙两位朋友一起旅行。三人行经一处山谷时，马沙失足滑落。幸而吉伯拼命拉他，才将他救起。

马沙于是在附近的大石头上刻下了："某年某月某日，吉伯救了马沙一命。"

三人继续前行，来到一处河边，吉伯跟马沙为一件小事吵起来，吉伯一气之下打了马沙一耳光。

马沙跑到沙滩上写下："某年某月某日，吉伯打了马沙一耳光"。当他们旅游回来后，阿里好奇地问马沙，为什么要把吉伯救他的事刻在石上，将吉伯打他的事写在沙上？马沙回答："我永远都感激吉伯救我，我会记住的。至于他打我的事，我只随着沙滩上字迹的消失，而忘得一干二净。

现实生活中，朋友有时会雪中送炭，为你带来温暖感动，但有时也难免发生各种各样的碰撞和摩擦。"记住该记住的，忘记该忘记的。"马沙与吉伯的故事给我们最大的启发便是时刻保持对朋友的感恩之心，忘记与朋友间偶尔的不快，宽容朋友偶尔的冲动与错误。

人无完人。我们每个人都是不完美的，你的朋友也是如此。不要在闹矛盾的时候只看到对方身上的缺点，而抹去对方的优点。常怀感恩之心，我们才能够更加珍惜这每段友谊。

每一段缘分都来之不易，不要因为你的自私麻痹了你那双发现美的眼睛，看不到朋友曾经对你的关心和帮助。

友谊需要用忠诚去播种，用热情去灌溉，用原则去培养，用谅解去护理。想想看，人生弹指一挥间，能够深交的知己又能有几个？友情的弥足珍贵，值得我们用一生来呵护和珍惜。宽容朋友、懂得感恩的人，才能获得天长地久的友谊。学会宽容，学会感恩，收获友谊的同时，自己的生活中也会少了许多烦恼，少了许多不愉快，心境也会变得开阔。如果能以宽容对待朋友，以感恩对待生活，生活将会给你更多的欢乐。

汤姆有一架小型飞机。一天，汤姆和好友库尔及另外5个人乘飞机过一个人迹罕至的海峡。飞机已飞行了两个半小时，再有半个小时，就可到达目的地。

忽然，汤姆发现飞机上的油料不多了，估计是油箱漏油了。因为起飞前，他给油箱加满了油。

汤姆将这个消息传达后，飞机上的人一阵惊慌，汤姆安慰他们："没关系的，我们有降落伞！"说着，他将操纵杆交给也会开飞机的库尔，走向机尾拿来了降落伞！。汤姆给每个人发了一个降落伞后，在库尔身边也放了一个降落伞袋。他说："库尔，我的好兄弟，我带着5个人先跳，你开好飞机，在适当的时候再跳吧！"说完，他带领5个人先跳了下去。

飞机上就剩库尔一个人了。这时，仪表显示油料已尽，飞机在靠滑翔无力地向前飞。库尔决定也跳下去，于是，他一手扳紧操纵杆，一手抓过降落伞包。他一掏，大惊，包里没降落伞，是一包汤姆的旧衣服！库尔咬牙大骂汤姆！没伞就不能跳，没油料，靠滑翔飞机是飞不长久的！库尔急的浑身冒汗，只好使尽浑身解数，往前能开多远算多远。

飞机无力地朝前飞着，与海面距离越来越近……就在库尔彻底绝望时，奇迹出现了——一片海岸出现在眼前。他大喜，用力猛拉操纵杆，飞机贴着海面冲过去，嗵的一声撞落在松软的海滩上，库尔晕了过去。

半个月后，库尔回到了他和汤姆居住的小镇。

他拎着那个装着旧衣服的伞包来到汤姆的家门外，发出狮子般的怒吼："汤姆，你这个出卖朋友的家伙，给我滚出来！"

汤姆的妻子和三个孩子跑出来，一齐问他发生了什么。库尔很生气地讲了事情的经过，并抖动着那个包，大声地说："看，他就是用这东西骗我的！他没想到我没死，真是老天保佑！

汤姆的妻子说了声："他一直没有回来"，就认真翻看那个包。旧衣服被倒出来后，他从包底拿出一个纸片。但她只看了一眼就大哭起来。

库尔一愣，拿过纸片来看。纸上有两行极潦草的字，是汤姆的笔迹，写的是："库尔，我的好兄弟，机下是鲨鱼区，跳下去必死无疑。不跳，没油的飞机不堪重负，会很快坠海。我带他们跳下后，飞机减轻了重量，肯定能滑翔过去……你就大胆地向前开吧，祝你成功！"

我们每个人都需要朋友，有了朋友，我们就会多一份安全感。真正的朋友，让我们永远都有一种坚实的依靠。当我们需要倾诉时，他们是最好的听众；当我们无助时，他们的肩膀是我们最好的依靠。在遇到坎坷不平时是他们搀扶着我们前行，在我们脆弱时是他们伸出温暖的双手；是他们和我们共担苦难，甚至以生命来践行对我们的承诺。

无论是谁，只要曾经在我们的生命里出现过，给过我们帮助，给过我们恩惠，哪怕是微不足道的，但只要对我们有帮助，我们就应该心存感恩，用感恩的心来面对生活。毕竟，当我们遇到困难时，没有人有义务来帮助我们。即使有一天，朋友让我们难过，伤害了我们，我们也不要生气，更不应该怨恨，想想曾经的好，学会宽容，因为曾经，朋友也是善良的，也是友好的。

所以，我们要感恩身边的每一位朋友。感恩朋友，这一路上有你们的相伴，使得我不再孤单；感恩朋友，这一路上有你们的鼓励，使得我更加勇敢；感恩朋友，这一路上有你们的鞭策，使得我更加优秀。感恩朋友，愿我们的友谊能够天长地久！

感恩客户，他们是你的衣食父母

现在很多中国企业都存在这样的问题：员工对客户缺乏真诚的感恩心态和良好的服务意识。而这个问题其实也是一个机会：如果我们能发自内心地感恩客户，感恩客户给予自己利润和薪水，并想方设法让客户感动，让客户开心，我们就能拥有持续赢得客户忠诚的能力。

商业哲学中有句经典的箴言：客户就是上帝。它深刻阐释了客户理念的至高性，体现的正是以客户为导向的服务意识，倡导的是一种"服务至上"的商业精神。

随着信息时代的到来，"靠服务取胜"成了很多公司的新名词，"以客户为中心"也成了很多营销理念的核心。在现实生活中，客户比比皆是，大到国家政府机关的服务，小到直接面对一个单一的消费者，但是谁又能真正的把客户当成上帝呢？

在工作中，很多人因为没有客户意识而给集体造成了很多损失，也有一些人是因为迫于集体制度，工作还能基本令人满意。但是极少有人会想到客户跟自己个人切身利益的密切关系。所以，我们只有满足客户的要求，才会得到发展和进步。这要求我们要感恩于客户的抱怨，因为客户的抱怨是我们改进工作、不断进步的推动力。

约翰是某饭店的一名厨师。一个周末，约翰正忙碌不堪时，服务生端着一个盘子走进厨房，对他说，有位客人点了这道油炸马铃薯，他抱怨切的太厚。约翰看了一下盘子，跟以往的并没有什么不同啊，从来也没有客人抱怨过切的太厚，但他还是把马铃薯切薄些，重做了一份请服务生送去。

几分钟后，服务生端着盘子气呼呼走回厨房，对约翰说："我想那位挑剔的客人一定是遭遇了什么麻烦，然后将气借着马铃薯发泄到我身上，还是嫌切的太厚。"约翰忍住脾气静下心来，耐着性子将马铃薯切成更薄的片状，炸成诱人的金黄色，又在上面撒了些盐，然后第三次请服务生送过去。没多久，服务生端着空盘子走进厨房，高兴地说："客人满意极了，餐厅的其他客人也都赞不绝口，快再来几份！"

这道薄薄的油炸马铃薯片从此成了约翰的招牌菜，慢慢传开后发展成各种口味，到了今天，这已经是地球人都喜欢吃的休闲零食了。

纵观世界，但凡历史悠久，在市场中久经考验的企业无一例外的都把"客户"放在首位，把"客户"作为一切工作的原则。抱着感恩的心，真诚对待每一位客户，而这样所获得的巨大回报就是：客户衷心的认同，进而让企业更加壮大。

美国某公司为了让员工切记"客户第一"这一理念，在办公室各处始终贴着这样几条标语：什么是客户？客户永远是公司最重要的人；客户并不依赖我们，而是我们依赖他们；客户不是我们工作的干扰，而是我们工作的目的；我们为客户提供服务不是帮他们什么忙，是客户帮了我们一个大忙，让我们有机会为他们提供服务；客户不是我们要与之争辩或斗智的人，从未有人曾在与客户的争辩中获胜；客户是把他们的愿望带到我们这里来的人，我们的责任是满足他们的愿望，从而让他们和我们都得到回报。如何拥有持续赢得客户忠诚的能力？

碧波餐厅自开业到现在已有30多年的历史了，餐厅的老板经常会提醒员工，品牌的生命是来自于客人多年来对我们的支持，及我们时时刻刻对客人的在乎。从最早经营店面时，碧波餐厅的老板对"客户抱怨"一直是以感激客人的心态在接受；对于客人的建议或不满，他总是愿意倾听客人的意见，虚心接受后，在最短的时间内将其改善，等待下次客人再来访时，会再次询问是否觉得满意？一次一次地，态度总是虚心又诚恳地……当然，也许有些人会觉得客人有时的抱怨，有不合理也有不适合的情况，哪里需要照单全收？但餐厅的老板却认为，这是客人的好意，他们的建议，一定有原因，今天不听以后就没机会了。在碧波餐厅的网站上，可以看到许多客户的留言，餐厅的管理人员不会将其删掉，相反会把客人的投诉或抱怨当成美丽的礼物，虚心接受并立即改善。

任何一家公司要生存、要发展、要树立品牌，都必须急客户所急，想客户所想，紧紧围绕客户需求，提供客户满意的服务。感恩客户，常怀感恩之心，不仅会使自己的内心时刻充满激情与快乐、自觉承担责任、办好客户委托的事情，而且我们的工作热情会感染周围的人，我们的客户也会因此而感动。

"感恩客户"，这一原则要体现在内心里，客户是最重要的，要从思想和规则角度考虑为客户服务，这样，成功就距离你不远了。相反，如果不把客户当上帝，降低"客户的辈分"，傲慢自大，不懂得感恩，后果只能是一败涂地，被市场和客户抛弃。

郑州有一家公司，曾靠政府划拨的紧俏物资而生意红火，商品供不应求。尽管是"高高在上"的被求者，但该公司的一位处长每次和客户谈完业务，总是把客户送到楼梯口，握住客户的手诚恳地说声"谢谢"。公司其他人员一直不解，问他："我们公司的产品这么紧俏，我们把产品给他，就是对他最大的支持，他应当感谢我们，你为何还要谢他呢？"处长笑而不答。

俗话说："三十年河东，三十年河西。"在市场经济大潮的冲击下，这家公司转制成了一家经营性公司，原来的处长也变成了总经理。虽然没有了政府划拨的紧俏物资，但以前的老客户依然和该公司保持着业务往来。

一次，该公司宴请一位和公司有十几年业务关系的老客户，一位业务员趁总经理暂时离席之机，问客户："我们公司经营的产品与竞争对手的产品相比，并没什么特别的优势，你今天为何还在关照我们的生意？"客户回答道："过去，我来求你们时，你们总经理每次都把我送到楼梯口，握住我的手，对我说一声'谢谢'。今天，我就是为了这句'谢谢'继续和你们做生意的。"

客户的支持是我们成就大业不可缺少的一股力量，可以说，有了他们，我们工作和生活才有希望，未来才会更加精彩。我们的成功离不开广大客户多年来的支持与厚爱。我们要感谢客户对我们的信任，感谢客户对我们的支持，感谢客户对我们的抱怨，因为有他们，我们才得以茁壮成长，才有今天的成绩。

客户是我们的衣食父母，有了我们的客户才有我们的生存和发展。感恩客户的理念不仅适用于企业，还适用于一切机关，单位，适用于一切人，是做人的理念，是做人要有的感恩的理念。

感恩老板，谢谢他给予你发展机会

生活中，人们会因家人的关怀倍感温暖，也会为陌生路人的点滴帮助而感激不尽，却常常无视于朝夕相处的老板的种种恩惠和工作中的种种机遇。不少人认为，我工作，老板付我薪水，这是理所应当的事情。从表面上看员工是给老板打工的、是为老板服务的，彼此之间是雇主与雇员的雇佣关系，存在着对立性。但实际上，老板与员工之间的关系并不是对立的，从商业角度看，是一种合作共赢的互惠关系；从情感角度而言，里面则包含有一份亲情与友谊。所以，不要忘了感谢你的公司老板和你的领导或上司。

老板为我们提供发展的空间和实现自我价值的平台。在这个平台上，我们在增长着阅历，丰富着自我，实现着人生的价值；在这个平台上，我们用激情点燃着理想，用薪酬支配着生活。因此，我们要感谢老板培养我们，感谢老板给予我们一片展示自我的天地。

业务员张静在谈到她破例被派往国外公司考察时说："我和他虽然同样都是研究生毕业，但我们的待遇并不相同，他职高一级，薪金高出很多。庆幸的是，我没有因为待遇不如人就心生不满，仍是认真做事。当许多人抱着多做多错、少做少错、不做不错的心态时，我尽心尽力做好我手中的每一项工作。我甚至会积极主动地找事做，了解主管有什么需要协助的地方，事先帮主管做好准备。因为我在上班报到的前夕，父亲就告诫我三句话：'遇到一位好老板，要忠心为他工作；假设第一份工作就有很好的薪水，那你的运气很好，要感恩惜福；万一薪水不理想，就要懂得跟在老板身边学功夫。'我将这三句话深深地记在心里，自己始终秉持这个原则做事。即使起初位居他人之下，我也没有计较。但一个人的努力，别人是会看在眼里的。在后来挑选出国考察学习人员时，我是唯一一个资历浅、级别低的业务员。这在公司里是极为少见的。"

小王大学毕业后，在一家公司做程序员。刚开始的时候，他不熟悉公司的情况，上司却交给他独立去开发一个系统，没有任何资料和指示。小王当时都快晕了！可是又不敢说什么，只好到处查资料，请教别人，好不容易弄完了。拿给老板看，被指出很多错误，拿回去修改，这样折腾了几个回合，才交差。

小王当时的想法是，这个老板自己什么也不干，就会挑毛病。甚至觉得老板在难为自己，跟自己过不去。尽管小王心里有很多怨言，但每次都认真地完成了老板交给的任务。后来，当小王能独当一面被重用后，才觉得如果没有老板这种魔鬼式的"折磨"，是不可能进步这么快的。

虽然我们经常抱怨"老板太苛刻，太没人情味"，但我们认真的思考一下，无论是严肃的老板还是善解人意的老板，他们的本意都是为了让我们把工作做好。如果我们能从内心深处意识到，正是因为老板的谆谆教诲和关怀，才有了我们的进步，我们还会去抱怨吗？所以，我们要怀着一颗感恩的心去工作，即便是很劳累，工作时的心情也是愉快而积极的。

周杨从大学毕业后，来到一家公司工作。刚从学校毕业的他，初生牛犊不怕虎，经过收集资料和实际的市场调研，给公司老板写了一封邮件，提出了公司存在的问题和发展的建议。老板读完后认为周杨是一个会思考并热爱公司的人，当即决定提升他为部门经理，正如公司老板所言，周杨是一个热爱公司的人，更重要的是他将这种热爱转化为了一种行动。这样的年轻人当然会得到老板的重用。作为周杨个人，在他被领导委以重任的时候，他能不从心底里感恩老板不重资历看能力的这样一种选才的眼光吗？他能不比别人成长得更快吗？公司老板大胆授权并委以重用，最终成就了周杨。

我们应该感谢老板的知遇之恩，给老板多一些同情和理解。老板为我们提供了学习、深造、历练、成长的阶梯，为我们提供了成就自我的平台。老板提供给我们实战的学习环境，免费给我们提供标杆和榜样。我们为什么不以发奋的工作报答知遇之恩，成就老板的同时也成就自己呢？

感恩应该是一种习惯和态度。它能够增强个人的魅力，开启神奇的力量之门，发掘出无穷的智能。你是否曾经想过，写一张字条给你的老板，告诉他你是多么热爱自己的工作，多么感谢工作中获得的机会？这种深具创意的感谢方式，一定会让他注意到你——甚至可能提拔你。感恩是会传染的，老板也同样会以具体的方式来表达他的谢意，感谢你所提供的服务。

许多人总是对自己的老板不理解，认为他们不近人情、苛刻。如果我们能设身处地为老板着想，怀抱一颗感恩的心，或许能重新赢得老板的欣赏和器重。

如果你是一名优秀的员工，现在已经在公司担任了要职，那你更应该感谢你的老板。诚然，你的成功与你个人的努力是分不开的，但你也应该感谢老板对你的赏识，在你努力工作的时候，是老板一步步的帮助你，提携你，屡屡对你委以重任，你才会有今天的成功。所以，当你从普通发展到优秀的时候，你最应该感谢的是你的老板。

感恩对手，谢谢他们激励你的成长

西方有这样一句谚语："感谢你的敌人吧，是他们使你变得如此坚强。"这句话说得颇有道理，因为朋友会在危难时帮你一把，而敌人却能在危难时成就你。

在通往成功的道路上，我们需要拔刀相助的朋友，更需要势均力敌的对手。

对手既是我们的挑战者，又是我们的同行者。对手给了我们无形的压力，但也给了我们前进的动力。和对手对抗的力量，能让我们在较量中提升，在竞争中升华；能让我们发挥出巨大的潜能，创造出惊人的成绩。所以，不要诅咒自己的对手，我们应该感谢他们。

一个牧场常被狼叼羊，于是牧场主用了整整一个冬季请猎手才把狼给消灭掉了，本以为狼患没了，羊可以没事了，但更大的损失等着他。羊群开始流行瘟疫，羊群大量死亡。请来兽医，瘟疫还是接连不断的发生。无奈，牧主请来一批专家，专家却重新把狼给请来了。瘟疫很快没有了，羊又恢复了往日健壮的样子。原来，狼对羊群有着天然的"优生优育"功能。狼的骚扰，使羊群常常处于激烈运动之中，羊群因此格外健壮，老弱病残的落入狼口，瘟疫源也就不复存在了。

上述现象对我们不无启迪，一种动物如果没有对手，就会变得死气沉沉。人也是这样，没有对手的出现，我们就不会有紧迫感，进而丧失斗志、勇气和积极向上的信心。正如一位哲人所说：我们的成功，也是我们的竞争对手造就的。

歌德说："世间万物无一不是隐喻。你所与之为敌的人就是你的一面镜子，从中可以窥探你自己的胸襟与气魄。"对手不是敌人，对手的存在能够让我们看到自己的不足，能够让我们正视自己的长短，能够让我们不断超越自己获得更多的资本取得更大的发展。

生活中，许多人会犯这样一个错误：诅咒和仇视自己的对手，或庆幸自己没有遇到可怕的对手，或者因为自己遇到了对手而失魂落魄。这其实是大错特错的。我们应该为自己有一个这样的对手或者是更强大的对手而庆幸，为自己遇到艰难的境遇而庆幸，因为这正是你脱颖而出的机会！

在一次采访中，记者问三峡工程总设计师陆佑楣先生："在您看来三峡大坝的成功修建，最应该感谢的人是谁？"陆佑楣先生回答道：最应该感谢的是那些对三峡工程修建持反对意见的人！是他们一次次地质疑、否定，让我们对工程的可行性研究更加谨慎、更为深入，考虑的因素更加全面，方案的设计更为周密。没有他们对工程难题的种种预测，没有他们从不同角度对工程设计的不同看法，我们可能要走许多的弯路，甚至蒙受重大的损失。因此，我认为对三峡工程贡献最大的人，是那些时刻关注三峡工程修建并提出不同意见的人！这些能够提出反对意见的人是水利工程的专家学者，是国家建设的参与者见证者，他们以国家主人翁的身份对三峡工程的修建提出许多宝贵的意见，是从另一方面为三峡工程的建设做出贡献。

工作中出现竞争对手，让你经历挫折磨难，这并不是坏事，因为有时是对手让你成功。对手是自己的压力，也是自己的动力。正是因为有了对手，才有了竞争，才能激发自己的斗志，使自己格外地努力，从而战胜自我，超越自我。

古罗马有句名言，"一匹马如果没有另一匹马在后面紧紧追赶并要超过它，就永远不会疾驰飞奔"。生物界因为有对手的存在而生机勃勃。人也是一样，有对手的存在才有竞争，才能在竞争中锤炼自己，在竞争中壮大自己。所以，我们应该感谢对手，主动给自己寻找对手。

爱尔兰当代著名女作家梅芙·宾奇原来只是一位小学教师，生活十分清苦，在债主的催逼下，她被迫拿起笔，以便挣钱还债，经过一番努力，渐渐地，宾奇的名字在爱尔兰家喻户晓。多年后，她在公共汽车上巧遇当年债主，不胜感激地说："感谢债主，是你把我逼成了畅销书作家！"宾奇的成功来源于对手的"逼迫"，如果没有外界的压力，也许她仍然生活在碌碌无为之中。

　　真正迫使我们进步的，常常既不是朋友，也不是顺境，而是那些和你针锋相对的竞争对手。从这个意义上来讲，也说明我们的确应该对对手心存感激。

　　感恩对手，是因为他的存在让我们看到了自身的不足。没有对手的相伴，我们将缺少危机意识；没有对手的拼搏，我们将难以激发旺盛的斗志；没有对手提醒，我们常常会丧失进取之心。感恩对手，是他的存在让我们人生拒绝了平庸。人的价值，是靠对手来证明的，所以我们要感恩对手。

　　感谢对手吧！正是由于他们的存在，你才会认识到自己的缺点，才会激发你的潜能，才会激励你不断进步，才会迫使你奋勇前进，勇攀高峰！

第三章 摒弃抱怨：
对工作的感恩成就事业的高度

心怀感恩地去工作

感恩是一种生活方式，更是一种生活态度；它是每个人应有的道德准则，是做人的最起码的修养，同时也是一个人在企业生存发展的必备品质之一。

现实生活中，有很多人都能心怀感恩去生活，却不能心怀感恩地去工作。他们常常抱怨工作的种种不如意，如工作环境太差，工作量太大，上司不近情理、严厉苛刻，同事冷漠无情、勾心斗角……也有一些人虽然大声嚷着"心怀感恩地去工作"，但也只仅限于嘴上说说、心里想想的程度。其实，心怀感恩地去工作，不是只是一句口号或是漂亮话，而是需要体现在实际工作中。

以感恩心**做人** 以责任心**做事**

　　有一位高级酒店的保洁员，对于自己的工作总是抱着一种感激的态度。无论何时，她的脸上总带着灿烂笑容，她的笑容让人如沐春风，同时，微笑使她显得仪态优雅。一次，她在下班的路上，遇到了一个打听另一家酒店的外国人，她摊开地图，事无巨细地写下路径指示，并带着外国人到路口，再对着马路比划酒店的方向。在外国人致谢道别之际，她有礼貌地回应："不客气，祝你很顺利地找到。"接着她补充了一句，"我相信你一定会很满意那家酒店的服务，因为那儿的保洁员是我的徒弟！""太棒了！"那个外国人笑了起来，"没想到你还有徒弟！"这位保洁员的脸上笑容更灿烂了："是啊，我做这个工作已经做了15年，培养出好多的徒弟，而且我敢保证我的每一个徒弟都是最优秀的保洁员。"这个外国人非常疑惑，于是他问道："是什么使你对自己的工作保持这样的热忱呢？"这位保洁员笑着说："我的工作给了我生活，给了我乐趣，所以我非常感激这份工作。"正是对于工作的感激使得这位保洁员以自己的工作为自豪。

　　对于工作，我们应该怀着感激和敬畏的心情，尽自己的最大努力，把它做到完美。可以说，懂得感恩是一个人优秀品质的重要体现，学会感恩则是一名员工做好工作的精神动力。

　　有个哲人曾说："受人恩惠不是美德，报恩才是。当他积极投入感恩的工作时，美德就产生了。"一个常存感恩之心的人，更能珍惜工作赐予他的一切，也更容易拥有一个成功的职场人生。心怀感恩地去工作，你不但会因为自己是企业的一员而感到欣喜，还会因此更加忠诚、勤奋地工作。这样，在工作中你就不会有压力，而是在享受一种劳动带来的快乐。

周华是一家广告公司的设计总监。有一次，他被公司总部安排前往日本工作。与国内轻松、自由的工作氛围相比，日本的工作环境显得更紧张、严肃和有紧迫感，这让周华很不适应。"这边简直糟透了，我就像一条放在死海里的鱼，连呼吸都困难！"周华向上司抱怨。上司是一位在日本工作多年的美国人，他完全能理解周华的感受。"我教你一个简单的方法，每天至少说10遍'我很感激'或者'谢谢你'，记住，要面带微笑，要发自内心。"周华抱着试试看的态度，一开始还觉得很别扭，要知道"刻意地发自内心"可不是件容易的事情。可是几天下来，周华觉得周围的同事似乎友善了许多，而且自己在说"谢谢你"的时候也越来越自然，因为感激已经像种子一样在他心里悄悄发芽。逐渐，周华发现周围的事情并不像自己原来想象的那么糟糕。到最后，周华发现在日本工作也是一件让人愉快的事情，他感慨地说："是一种感恩的心情改变了我的人生，当我清楚地意识到我无权要求别人时，我对周围的点滴关怀都抱强烈的感恩之情。我竭力要回报他们，我竭力要让他们快乐。结果，我不仅工作得更加愉快，所获帮助也更多，工作更出色。我很快地获得了公司加薪升职的机会。"

是什么让周华发生了这么大的转变？无疑，是感恩的态度改

以感恩心**做人** 以责任心**做事**

变了这一切！

如果你渴望成功，那就要拥有感恩之心，并让它成为你的工作准则，在此基础上逐步培养正确的工作态度，发扬真正的敬业精神，这样，平凡的工作也能做得有声有色，从而取得不凡的成就。

当我们怀着感恩的心去工作，我们就会以一种愉悦的心态去工作，我们收获的将是意想不到的惊喜和成就。仔细想一想，自己曾经从事过的每一份工作，都给了你许多宝贵的经验和教训，比如自我成长的喜悦、失败的沮丧、温馨的伙伴、值得感谢的客户等等，这些都是人生中值得学习的经验，如果你每天能带着一颗感恩的心去工作，相信你不是在感受压力，而是在享受一种工作时的愉快而积极的心情。带着一种从容坦然、愉悦的感恩心情工作，你会获取最大的成功。

杨洋从高职学院毕业后进入某公司，当了一名普通职员。她的岗位职责是每天出外勤递交文件、打扫卫生、清理垃圾等。因此，她的工作谈不上与专业对口，更是平凡得不能再平凡的工作。

尽管工作琐碎且辛苦，但杨洋总是尽心尽力，任劳任怨。她连续五年全勤，年年当选优秀员工。她自动放弃每两周一次的周六休假，却从未填报加班费。在她经过的公司角落，你不会看到不该亮的灯、滴水的龙头或地上的纸屑。她似乎比老板还要珍惜和爱护公司，印坏的纸张或背面空白的废纸，她都裁成小条分给同事做便条纸。只要是可以回收的废纸，她一一摊平后与废纸箱一并捆绑卖给收废品的人，并把得到的钱捐给工会。她的这些做法赢得了同事们由衷的敬佩。尤其当拥有高学历的员工抱怨工作不顺时，一看到她每天在平凡的岗位上很认真地做事时，也就无话可说了。

两年后，杨洋被破格提升为公司总务主任，进入了公司中层主管的行列。

上面那个小案例中的杨洋为什么能赢得升职的机会？就是因为她懂得对自己的工作感恩。如果她继续这样努力下去，那么她达到其事业的最顶端将只是时间问题。

心怀感恩投入工作的人，是最容易得到成功机会的人。事实证明：对工作越是感恩，就越是容易得到企业的欢迎与老板的青睐，就越是容易得到成功晋职的机会。

心怀感恩地去工作，是来自于一种对于工作的深刻认识：工作为你展示了广阔的发展平台，工作为你提供了施展才华的舞台，最根本的是，工作给了你一份稳定的收入，让你的家庭没有后顾之忧。工作为你所带来的一切，都要心存感激，并力图通过努力工作来回报社会，表达自己的感激之情。

当你怀着感恩的心去工作，你会发现工作是快乐的，它能给你带来劳动报酬，能让你得到社会的认同，能帮你实现人生的理想，能使你获得自身的成就感。

和你的工作谈一场"恋爱"

工作是生命的载体。选择了一种工作，就是选择了一种生活方式。在日常生活中，假如你非常热爱你的工作，那么你的生活就是天堂；假如你非常讨厌你的工作，那么你的生活就是地狱。在每个人的生活当中，有大部分的时间是和工作联系在一起的，放弃了自己对工作的热爱，就是背弃了追求事业的成功。

乔布斯曾说："工作将占据你生命中相当大的一部分，从事你认为具有非凡意义的工作，方能给你带来真正的满足感。而从事一份伟大工作的唯一方法，就是去热爱这份工作"。这句话不仅提醒人们工作在人生命中的重要意义，更说明工作的伟大，很多时候来自于你是否热爱它。不可否认，现实生活中，你可能很不喜欢你眼下的工作，你从工作中得不到丝毫的乐趣，也毫无创造性可言。但你必须学会爱上自己的工作、以自己的工作为快乐，否则，你很难取得事业的成功。

当一个人真正做到爱上自己的工作，心中就会有潮涌的激情和坚如磐石的信念，就有对工作的极度狂热，就有"衣带渐宽终不悔，为伊消得人憔悴"的追求和执着。

杜兰特是一家连锁超市的打包员，日复一日地重复着几乎不用动脑甚至技巧也不复杂的简单工作。但是，有一天，他听了一个主题为建立岗位意识和重建敬业精神的演讲，便要通过自己的努力使自己的单调工作变得丰富起来，他让父亲教他如何使用计算机，并设计了一个程序，然后，每天晚上回家后，他就开始寻找"每日一得"，输入计算机，再打上好多份，在每一份的背面都签上自己的名字。第二天他给顾客打包时，就把这些写着温馨有趣或发人深省的"每日一得"纸条放入买主的购物袋中。

结果，奇迹发生了。一天，连锁店经理到店里去，发现杜兰特的结账台前排队的人比其结账台多出3倍！经理大声嚷到："多排几队！不要都挤在一个地方！"可是没有人听。顾客们说："我们都排杜兰特的队——我们想要他的'每日一得'。"一个妇女走到经理面前说："我过去一个礼拜来一次商店。可现在我路过就会进来，因为我想要那个'每日一得'。"

只有爱上自己的工作，就会全身心的投入到工作中去，因为这样会把工作当成一种享受，这样的精神力量是鼓舞人们认真工作、爱岗敬业的动力，只有爱上自己的工作的人才能不断提高自己的职业素质，并且在工作中体现自己较高的职业素质，在工作中发挥出自己最大的效率，才会更迅速、更容易的会的成功。

稻盛和夫曾说："要带着爱去工作。爱，是一切的原点。"我们每个人都应该热爱自己的工作，即使这份工作你不太喜欢，但也要尽一切努力去改变它、热爱它，并凭着这种热情去发掘内心蕴藏的活力、热情和巨大的创造力。事实上，你越热爱自己的工作，你就越会做好它，你的工作效率也就越高，长此以往你也就会真的爱上它。

王丽大学毕业后，在一家小公司做秘书，她的工作非常枯燥和琐碎，每天除了写公文报告、打字，就是做一些端茶倒水打杂跑腿的活。可是王丽非常踏实，她觉得能力不是很强，没有高学历，更没有关系可以依靠，不如踏实做好得之不易的工作。

对秘书工作，王丽没有一点没抱怨，她经常和朋友说："高兴也是上一天班不高兴也是上一天班，只要你想明白，就会开开心心地做那些你不喜欢的事了。"一晃儿，王丽在公司做了3年的秘书工作，她积累了丰富的行政及人事工作的经验。一次偶然的机会，她被一家中型企业挖过去做了办公室主任，后来，企业扩大了，她也升任了人力资源总监。

几年的光景，王丽的事业蒸蒸日上，同事和朋友们都问她成功的经验，得到的答案竟然简单得让人不敢相信，她说："其实我也没有什么捷径，就是热爱自己的工作。"

卡耐基曾说过："除非喜欢自己所做的工作，否则永远无法成功。"成功始于源源不断的工作热忱，你必须热爱你的工作。热爱你的工作，你才会珍惜你的时间，把握每一个机会，调动所有的力量去争取出类拔萃的成绩。

"选择你所爱的，爱你所选择的。"不管你从事什么样的职业，只要抱着这种心态，你才能提高工作效率，才能获得更多的发展机会，才能在自己职业生涯中获得成功！

由被动接受走向自动自发

在竞争异常激烈的时代，被动就会挨打，主动就可以占据优势地位。我们的事业、我们的人生不是上天安排的，是我们主动去争取的。如果你主动的行动起来，你不但锻炼了自己，同时也为自己争取成功积蓄了力量。

纵观古今中外人类发展的历史，没有哪一个人的成功不是主动争取得来的；没有哪一个人的屈辱不是在被动的忍让中，在安于现状的无所作为下来临的。成功不是等来的，也不会从天而降，是我们主动争取来的，它总是藏在一个个挫折和失败的后面，守候一个不屈不挠的灵魂。

所谓主动，就是积极地、自觉地，不用别人告诉或安排，你就能出色地做好工作。对一个年度或一段时期的工作有目标、有计划、有措施、有落实、有总结，什么时候开始，什么时候完成，得到什么样结果，要心中有数。要善于发现问题，敢于面对困难，勇于探索追求，不达目标决不放弃。如果我们不能做到这些，或者不能坚持这样做下去，就谈不上是主动工作。反之就是应付，只能是被动工作。

彼得和查理一起进入一家快餐店，当上了服务员。他俩的年龄一般大，也拿着同样的薪水，可是工作时间不长，彼得就得到了老板的褒奖，很快被加薪，而查理仍然在原地踏步。面对查理和周围人士的牢骚与不解，老板让他们站在一旁，看看彼得是如何完成服务工作的。

在冷饮柜台前，顾客走过来要一杯麦乳混合饮料。

彼得微笑着对顾客说："先生，你愿意在饮料中加入1个还是2个鸡蛋呢？"

顾客说："哦，1个就够了。"

这样快餐店就多卖出1个鸡蛋。在麦乳饮料中加1个鸡蛋通常是要额外收钱的。

看完彼得的工作后，经理说道："据我观察，我们大多数服务员是这样提问的：'先生，你愿意在你的饮料中加1个鸡蛋吗？'而这时顾客的回答通常是：'哦，不，谢谢。'对于一个能够在工作中主动发展问题、主动完善提高的员工，我没有理由不给他加薪。"

主动是一种态度。在日常工作中，经常会出现同样的工作岗位、同样素质的不同员工去做，却出现截然不同的工作结果，究其原因就是主动工作和被动执行的结果。

主动是一种态度，更是一种可贵的风范，它反映在人的思维、行动以及整体的气质面貌上。它体现了旺盛的生命激情，有效地激励自己，更大限度地促进自我的潜能开发。有的人天生积极主动，这是一种幸运，这种人就更应该珍惜这种天赋，更大限度地去努力发挥自己的潜能，争取实现更大的成功和价值。有些人天生被动，那么就要赶快行动，培养自己的主动性。

1992年秋天，北京街头的梧桐片黄了，诱人的糖炒栗子满城飘香。这天，温州某五金机械厂的一位员工在北京联系客户。这天，他来到了热闹非凡的首都，一家食品店门口排长队买糖炒栗子的人群引起了他的注意。经过仔细观察后，他发现大多数人买了糖炒栗子后，都猴急的张嘴就咬，常常把栗子肉弄得四分五裂。

吃栗子不方便，能不能搞个剥栗器？他迅速画出了剥栗器的草图，材料用镀锌铁皮，成本每只几毛，出厂价却几元。十分钟后，他把他的设计图纸传真给了机械厂的总经理。总经理很感兴趣，认为这是一项发明，肯定大受欢迎，不过，越早上市越好，两个月够不够？他笑了：两个月？我一个星期就可以送货上门。经理不相信：还有审批、核价什么的，没两个月怎么行呢？

当晚，这位员工就将剥皮器草图传回了他在温州老家的工厂，模具两个小时就出来了，接着开始大规模生产。3天后，一整车剥皮器涌进了首都，大大小小商店门口的糖炒栗子摊主成了剥皮器的经销商，为公司创造了数十万元的利润。

机械厂并没有要求这名员工去主动关注市场，开发、设计剥栗器，但他主动补位，自动自发地去做了。他为企业创造了利润，企业自然也不会亏待他。

一个做事主动的人，知道自己工作的意义和责任，并随时准备把握机会，展示超乎他人要求的工作表现。

以感恩心**做人** 以责任心**做事**

主动是成功的基石，主动工作会使一个人有一个良好的心理状态，会取得意想不到的成功。钢铁大王卡耐基曾经说过："有两种人成不了大器，一种是别人非要他做，否则不会主动做事的人；另一种是即使别人让他做，也做不好事的人。那些不需要别人催促，就会主动做事，而且不会半途而废的人将比成功，这种人懂得要求自己多付出一点点，而且做得比预期的更多。"任何一个企业都迫切的需要那些主动、负责的人。积极主动是优秀员工的显著标志。优秀的员工往往不是被动地等待别人安排工作，而是主动去了解自己应该做什么，做好计划，然后全力以赴地去完成。主动工作、积极进取的人，才可以尽快在职场中找到自己的位置，并获得成功。

林肯是一个刚毕业的年轻人，如今就业环境不景气，他整天浑浑噩噩的。终于，他在超市大卖场找到一份收银员的工作。每天上班，他总是最后一个到岗，到岗后不仅不先整理柜台，反而先和旁边的同事聊起天来。

他觉得自己混到这样的地步真的是命运的捉弄。在午饭期间，林肯对旁边的一位老人诉苦："我真不知道自己应该干什么，觉得自己一生没有多大希望了。"

老人告诉林肯，自己年轻的时候也是个收银员。其实即使是做一个收银员也很有学问。每天接待多少顾客，顾客都买了些什么东西，顾客有什么样的消费习惯，收银时，怎样速度才是最快，等等。老人讲起业务来滔滔不绝，林肯听得眼睛都直了。

林肯疑惑地问老人，现在他是做什么工作的。老人笑而不答，只是在走的时候告诉林肯，其实一天的工作很快，只要你保持一颗积极进取的心，就一定会看到转机。

林肯听后改变了自己的工作态度，以后不仅每天第一个报到，而且总是为自己的收银格备好零钱，提前准备好塑料袋为顾客装商品。林肯的工作效率比其他同事遥遥领先，一年后，他接到了公司的领班任命；两年后，他成为公司最年轻的部门经理。在一次公司年会上，林肯遇到了曾经点拨过他的那位老人，这个老人，正是这家连锁超市的董事长。

主动是一个成长者必备的素质。主动做事不仅会让你超越别人，更为重要的是，它还会让你百倍地发挥自身潜力，超越自我。当你做到了积极主动，超越了自我，就会发现，成功原来很简单。

对工作感恩，用敬业报答

工作是一个人赖以生存和发展的基础保障。当我们从事一份工作时，要有敬业精神。因为只有敬业才能爱业，才能做好本职工作。敬业的品质可使你从平凡走向优秀，从优秀走向卓越。

所谓敬业，顾名思义就是敬重并重视自己的职业，把工作当成自己的事业，抱着认真负责、一丝不苟的工作态度，即使付出再多的代价也心甘情愿，并能够克服各种困难，做到善始善终。搜狐公司总经理张朝阳曾说过："我们公司聘人的标准是敬业精神，当然，辞退的原因也和敬业有关。我认为，一个人的工作是他生存的基本权利，有没有权利在这个世界上生存，要看他能不能认真地对待工作。能力不是主要的，能力差一点，只要有敬业精神，能力会提高的。如果一个人本职工作做不好，找别的工作、做其他事情都没有可信度。如果认真做好一个工作，往往还有更好的、更大的工作等着你去。这就是良性发展。"

让我们来品读这样一则故事：

有个美国记者到墨西哥的一家工厂去采访。由于班机晚点，到达目的地时，恰好是工厂的休息日，绝大多数员工都度假去了。这位美国记者在厂区转悠了一会儿，看到一个清洁工正在打扫卫生。清洁工并不是值班人员，按规定，他也可以享受假期。当美国记者问起他为什么放弃休息，还来干活时，清洁工腼腆地笑笑，说："没有人强迫我这么做，这是我的工作，我只有兢兢业业地把它做好，才无愧于这份工作。"

人生的最大价值，就是对工作抱持一种敬业的态度。人有了敬业精神，就决不让自己流于平庸。全力争做一个异常优秀的人，不仅会做别人要求他做的，而且要能够超越人们的期望，不断追求卓越，把工作做得尽善尽美。

敬业是积极向上的人生态度，而兢兢业业做好本职工作是敬业精神最基本的一条。一个敬业的员工会将敬业意识内化为一种品质，实践于行动中，做事积极主动，勤奋认真，一丝不苟。这样他不仅能获得更多宝贵的经验和成就，还能从中体会到快乐，并能得到同事的钦佩和关注，受到老板的重用和提拔。懂得敬业，具有敬业精神是你在事业上迈出的第一步，在职场中搏杀的人士要不断思考这一问题并培养自己的敬业精神。

有一个日本女大学生，利用假期到东京帝国饭店打工。她在这个五星级饭店里所分配到的工作是洗厕所。

第一天上班，当她伸手进马桶刷洗时，她差点当场呕吐。勉强撑过几日后，她实在难以为继，决定辞职。但就在此关键时刻，大学生发现，和她一起工作的一位老清洁工，居然在清洗工作完成后，从马桶里舀了一杯水喝下去。大学生看得目瞪口呆，但老清洁工却自豪自在地表示，经他清理过的马桶，是干净得连里面的水都可以喝下去的！

这个举动给女大学生很大的启发，令她了解到所谓的敬业精神。此后，再进入厕所时，大学生不再引以为苦，却视为自我磨炼与提升的道场，每清洗完马桶，也总清晰自问：

"我可以从这里面舀一杯水喝下去吗？"

假期结束，当经理验收考核成果，女大学生在所有人面前，从她清洗过的马桶里舀了一杯水喝下去！这个举动同样震惊了在场所有人，尤让经理认为这名工读生是绝对必需延揽的人才！

毕业后，大学生果然顺利进入帝国饭店工作。

正是这种对工作全身心投入，一丝不苟的敬业精神，使她迈好了人生的第一步。有了这种精神，她可以克服工作中所有的困难，从此她踏上了成功之路，开始了她人生不断从成功走向辉煌的历程。几十年的光阴很快就过去了，后来她成为日本政府内阁的主要官员——邮政大臣，并得到小泉首相赏识。

这位女大学生的名字叫野田圣子。

直到现在，这位被认为极有潜力角逐首相大位的内阁大臣，据说每次自我介绍时总还是说："我是最敬业的厕所清洁工，和最忠于职守的内阁大臣！……"

敬业就是对工作认真负责的态度，尊重自己的工作，对自己提出比别人更高的标准，工作时投入自己的全部身心，甚至把它当成自己的私事，无论怎么付出都心甘情愿，并且能够善始善终，把工作做到合乎完美的程度的一种追求。如果一个人能这样对待工作，那么就会有一种神奇的精神力量支撑着他的内心，使他尽善尽美地完成自己的工作。

人生最有意义的就是敬业，它能使我们平淡的生活得以充实，能让我们平凡的人生得以升华。如果你厌恶自己的工作，那世界上再也找不出比这更糟糕的事情了。用积极向上的敬业态度来对待工作，那么，无论从事哪个行业、做什么工作，都会取得意想不到的成就。

敬业是任何一份职业都需要的职业道德，是将工作做好的最直接的能力。敬业的人怀着一种对职业的敬仰，才能在工作中充分发挥自己的潜力，找到自己的价值。如果你在工作上能敬业，并且把敬业变成一种习惯，你会一辈子从中受益。

以老板的心态要求自己

许多职场成功人士认为，如果你要想成为怎么样的人，那么先要学会用这种人的方式进行思考与行动，比如你在打工的时候梦想着成为一个老板，你就可以特别注意观察作为一个老板是如何思维以及经常有什么样的行为，也许有一天你会发现往昔的观察与模仿对你事业的成功是很有启发与帮助的。

著名的IBM公司要求每一名员工都树立起一种态度——我就是公司的主人。一旦有了这种心态，你就会对自己的工作态度、工作方法以及工作业绩提出更高的要求与标准。只要你能深入思考，积极行动，很快就会成为公司中的杰出人物。

刘洋是一家纺织出口贸易公司的销售代表，并以自己的销售纪录为豪。曾有几次，他向他的老板解释说，他如何如何卖力工作，如何劝说一位服装制造商向公司订货。可是，老板只是点点头，淡淡地表示自己的赞同。

最后，刘洋鼓起勇气，问他的老板："我们的业务是销售仿制品，不是吗？难道您不喜欢我的客户？"

老板回答说："刘洋，你把精力放在一个小小的制造商身上，可他耗费了我们太多的精力。请把注意力盯在一次可订3000码货物的大客户身上。"

此后，刘洋学会了像老板一样思考，并站在老板的角度上去看待问题。他把手中较小的客户交给一位经纪人，只收取少量的佣金，把主要精力投放到寻找大客户的目标上，结果获得了令人惊讶的销售业绩，为公司创造了更高的利润。

当你以老板的心态要求自己，像老板那样去思考问题时，你就激励自己追逐老板的目标，处处为老板着想，考虑企业的成长，考虑企业的费用，你会感觉到企业的事情就是自己的事情。你知道什么是自己应该去做的，什么是自己不应该做的。这样一来，你才能很好地解决在工作中遇到的问题，才会把自己的工作做好。反之，你就会得过且过，不负责任，认为自己永远是打工者，企业的命运与自己无关。

英特尔前总裁安迪·葛洛夫曾经在一次演讲中说过："无论你在哪里工作，都别把自己只当做员工，应该把公司看做是自己开的一样。"所以，无论今天的你，处在什么位置、什么环境，都要有一颗良好的心态，以老板的心态去做事、去思考问题，你一定会越来越优秀。

许丽大学毕业后，在一家民营公司担任长助理。交接那天，前任助理对她说："在这里工作简直就是浪费时间！"因为助理的任务就是收发公文、做会议记录、安排董事长的行程，简单地说就是打杂。同样的工作，在不同人的眼中，却有天壤之别。许丽认为，每天接触公司的决策文件，可以看出董事长批公文的思路。一场场会议记录让她见识到企业如何经营、决策如何产生。她说："再没意思的工作，如果用老板的眼光来看待，就能看出价值所在。"

当年那个"逃走"的助理现在不知际遇如何，但许丽已经成为一家年盈利超过1000万元的公司老总。一个初出茅庐的毛头小姑娘，就是因为站在老板的角度看世界，奠定了他日后的成功。

其实，在我们生活工作当中确实是这样的。当你在某一个领域思考多了，做得多了。你的能力自然而然地就提升了，因为在做的过程中，你会不断总结，不断改进，这样就变得越来越优秀，当自己能力不断提升的时候，你会发现，自己去接触那些优秀的人就会很容易的。

以老板的心态要求自己，是对员工能力的一个较高层次的要求，它要求员工站在老板的立场和角度上思考、行动，把公司的问题当成自己的问题来思考。它不仅是员工个人能力提升的重要准则，而且也是提高企业工作绩效的关键。

美国考克斯有线电视公司有位叫布莱恩·克莱门斯的年轻工程师，他的工作地点在郊区。

有一天，布莱恩到一家器材行去购买木料。正当他等待切割木料的时候，无意中听到有人抱怨考克斯公司的服务差劲儿极了。那个人越说越起劲儿，有八九个店员都围过来听他讲。

布莱恩当时有好几种选择。他正在休假，他自己还有事情要做，老婆又在等他回家，他大可以置若罔闻，只管自己的事儿。可是，布莱恩却走上前去说道："先生，很抱歉，我听到了你对这些人说的话。我在考克斯公司工作。你愿不愿意给我一个机会改善这种状况？我向你保证，我们公司一定可以解决你的问题。"

那些人脸上的表情都非常惊讶。布莱恩当时并没有穿公司的制服，他走到公用电话旁，打了个电话回公司，公司立即派出修理人员到那位顾客家中解决问题，直到顾客满意为止。后来，布莱恩还多做了一步。

他回去上班后，打了个电话给那位顾客，确定他对一切都满意后，还提供顾客延长两个礼拜的试用期，并且为给他造成的不便致歉。

布莱恩这种站在老板立场的行为受到了公司负责人葛培特的高度赞扬，葛培特号召公司全体员工向布莱恩学习。

向老板一样去工作，不管是不是你的责任，只要关系到公司的利益，你都应该毫不犹豫地去维护。不要时刻想着自己是在为老板打工，而应该把自己当成公司的主人。

当你以老板的心态去对待工作的时候，你会完全改变你的工作态度。你会时刻站在老板的角度思考问题，你的业绩会得到提高，你的价值会得到体现，企业会因为有你的努力而变得不一样，你也可以通过你的带动作用改变你身边的人。

无论我们从事何种工作，都不应仅仅把自己当作公司的一名员工，而应该把自己当成公司的老板，以老板的心态要求自己，把公司当成自己的公司，这是你最好的成功之路。

第四章 学会接纳：
上天的给予，都是最好的安排

感谢挫折，强大多来自挫折之后

挫折是人生的老师。人这一辈子吃苦受罪虽然不好受，但吃苦受罪也是人生的财富。人生经历的挫折越多感受也越多，就越深刻；人生走的路多了，自然经历的挫折越多，人生的路本来就不可能是一帆风顺的，没有平坦的大路可走；越是经历的挫折和艰难多一些，越能够磨砺一个人的意志和品质，所以多经历一些挫折不是坏事，而是好事。

在美国，曾有一位电台女主持人被人贬得一文不值，并在自己的职业生涯中遭遇了18次辞退。

在最初求职的时候，她来到美国大陆无线电台面试。但是因为是女性遭到公司的拒绝。接着，她来到了波多黎各工作，由于她不懂西班牙语，于是又花了3年的时间来学习。在波多黎各的日子，她最重要的一次采访，只是有一家通讯社委托她到多米尼加共和国去采访暴乱，连差旅费也是自己出的。在以后的几年里，她不停面试找工作，不停地被人辞退，有些电台指责她能力太差，根本不懂什么叫主持。

尽管如此，她却从来没有放弃过。1981年，她来到纽约一家电台，但是很快被辞退，失业了一年多。有一次，她向两位国家广播公司的职员推销她的倾谈节目策划，都没有得到认可。于是她找到第三位职员，他雇佣了她，但是要求她改作政治主题节目。她对政治一窍不通，但是她不想失去这份工作，于是她开始"恶补"政治知识。1982年夏天，她主持的以政治为内容的节目开播了，凭着她娴熟的主持技巧和平易近人的风格，让听众打进电话讨论国家的政治活动，包括总统大选，她几乎在一夜之间成名，她的节目成为全美最受欢迎的政治节目。

这个女人叫莎莉·拉斐尔。现在的身份是美国一家自办电视台节目主持人，曾经两度获全美主持人大奖。每天有800万观众收看她主持的节目。在美国的传媒界，她就是一座金矿，她无论到哪家电视台、电台，都会带来巨额的回报。

人生就像大海里航行的船舶，不可能总是风平浪静，一帆风顺，要遭遇无数次的险风恶浪。所以，在你的人生旅程中，遇到困难、挫折和失败，实在是在所难免的，它们是人生的一笔财富，是促使你成功的一剂良药，不经历风雨的花儿，怎么会绚烂？不经历磨难的人生，怎么会发出炫目的光彩？只有经风雨，才能见世面。只要我们不畏艰险，勇往直前，就一定会到达成功的彼岸。

古往今来，有许多名人都是经过风雨的洗礼后才获得成功的。司马迁虽遭受宫刑，蒙受大辱，但却顶过磨难，发愤写完了辉煌巨著——《史记》；张士柏经历了从游泳健将到高位截瘫的巨大变更，却并未因此一蹶不振，反而将它化为动力，勤奋学习，完成了许多健康人都做不到的事情；德国诗人海涅生前最后八年是在"被褥的坟墓"中度过的，他手足不能动弹，眼睛半瞎，但生命之火不灭，吟出了大量誉满人间的优秀诗篇。这些经历过风雨洗礼的人，就如同是野外的小草，饱经风雨蹂躏却不倒伏，而那些温室里的"花朵"的生命力又怎么能与他们相比呢？

的确，只有经历过，你才能得到最真实的体验。就像只有经历风吹雨打，才会有美丽的彩虹；只有经历寒冬霜雪，才会有幽香的梅花；只有经历艰苦的磨砺，才会有锋利的宝剑……

一位哲人说过：人生的三分之一是失意，三分之一是痛苦，三分之一是快乐。我们要走出人生三分之二的失意和痛苦，就必须靠自己的拼搏和努力。不在磨难中奋起，就会在磨难中消沉。唯有经历风雨，才能见彩虹。人，如果没有经过磨难的考验，成功是不会属于自己的，这样的人生也是不完整的。

生物学家曾说过，飞蛾在由蛹变茧时，翅膀萎缩，十分柔软；在破茧而出时，必须要经过一番痛苦的挣扎，身体中的体液才能流到翅膀上去，翅膀才能充实有力，才能支持它在空中飞翔。

一天，有个人凑巧看到树上有一只茧开始活动，好像有蛾要从里面破茧而出，于是他饶有兴趣地准备见识一下由蛹变蛾的过程。

时间似乎过的很慢，渐渐地，他开始有些焦虑，变得不耐烦了，只见蛾在茧里奋力挣扎，将茧扭来扭去的，但却一直不能挣脱茧的束缚，似乎是再也不可能破茧而出了。

最后，他的耐心用尽，就用一把小剪刀，把茧上的丝剪了一个小洞，让蛾出来可以容易一些。果然，不一会儿，蛾就从茧里很容易地爬了出来，但是那身体非常臃肿，翅膀也异常萎缩，耷拉在两边伸展不起来。

他等着蛾飞起来，但那只蛾却只是跌跌撞撞地爬着，怎么也飞不起来，又过了一会儿，它就死了。

不经历磨难的羽翼是脆弱的，小小的波折都能让它支离破碎。蛾在茧中的挣扎是生命中不可缺少的一部分，如果不经过必要的破茧过程，它就无法适应茧外的环境。这就好像一个人如果不经历必要的磨难，他就很脆弱，没有能力抵抗以后的风风雨雨。

人生是靠自己走出来的美丽，没有等出来的辉煌。人生不要因叶落而悲秋，更不要因挫折而放弃拼搏。一花凋谢荒芜不了整个春天，一次挫折也不可能限制一生。

人的一生，挫折痛苦在所难免，但风雨过后，显现在你面前的是风平浪静的天空，荆棘过后，显现在你面前的是铺满鲜花的大道。

美国著名潜能开发大师席勒有一句名言："任何苦难与问题的背后都有更大的祝福！"他常常用这句话来激励学员积极思考，由于他时常将这句话挂在嘴边，连他的女儿——一个非常活泼的小姑娘在念小学的时候就可以朗朗地附和他念这句话。

有一次，席勒应邀到外国演讲。就在课程进行当中，他收到一封来自美国的紧急电报：他的女儿发生了一场意外，已经被送往医院进行紧急手术，有可能要截掉小腿！他心慌意乱地结束课程，火速赶回美国。到了医院，他看到的是女儿躺在病床上，一双小腿已经被截掉。

这是他第一次发现自己的口才完全派不上用场了，笨拙地不知如何来安慰这个热爱运动、充满活力的天使！

女儿好像察觉了父亲的心事，告诉他："爸爸，你不是时常说，任何苦难与问题的背后都有更大的祝福吗？不要难过！"他无奈又激动地说："可是！你的脚……"

女儿又说："爸爸放心，脚不行，我还有手可以用啊！"两年后，他女儿升入了中学，并且再度入选垒球队，成为该联盟有史以来最厉害的全垒球王！

"任何苦难与问题的背后都有更大的祝福！"席勒的女儿说出这句话时，是以一种感恩的心态来面对自己的灾难的。

磨难是检验我们心志的一种最好方式。不要抱怨生活中遇到的困难与挫折，而应把这当成磨炼自己的机会。无论什么人，做任何事情，都会碰到这样或那样的困难，都需要具有坚强的意志和毅力，而在努力的过程中，我们只有知难而进、迎难而上，才能使人们在各自的领域上取得成功。

生活不是容易的事情，人生也不是容易的事情，总会有艰难和挫折伴随着我们。生活需要我们创造，人生需要自己开创，没有现成的果实等着我们，收获总是需要付出的，吃苦流汗是自然的，经历挫折也是正常的。人生美好梦想必然是经历了太多的苦难，太多的挫折后才能实现的。

你经历得越多，你经受的苦难和挫折越多，你的收获也就越多，难道挫折不值得我们感谢吗？

没有风雨，不见得是好的人生

人生在世，难免会遇到困难，困难具有一定的积极意义，它可以帮助人们驱走惰性，促使人奋进。因此，困难又是一种挑战和考验。我们的生活因苦难变得丰富多彩，我们的性格因坎坷而锤炼得更加成熟。学会感恩，我们便会在困难中升华自己，让自己变得更加坚强。人生重要的不是拥有什么，而是经历了什么，任何坎坷的经历都是宝贵的人生财富。

她，是一个可怜的小女孩，从患有小儿麻痹症，只有依靠轮椅才能行动。每当看到同龄的小朋友蹦蹦跳跳的，她都感觉到自卑而又羡慕。随着年龄的增长，她的忧郁和自卑感越来越重，甚至，她拒绝着所有人的靠近。但也有个例外，邻居家那个只有一只胳膊的老人却成为她的好伙伴。老人是在一场战争中失去一只胳膊的，老人非常乐观，她非常喜欢听老人讲的故事。

这是个天气晴朗的一天，她被老人用轮椅推着去附近的一个公园里散步，草坪上孩子们动听的歌声吸引了他们。当一首歌唱完，老人说着："让我们一起为他们鼓掌吧！"她吃惊地看着老人，问道："我的胳膊动不了，你只有一只胳膊，怎么鼓掌啊！"老人对她笑了笑，解开衬衣扣子，露出胸膛，用手掌拍起了胸膛……那天已经是深秋了，虽然天气晴朗，但风中却夹着几分寒意，尽管如此，她却突然感觉自己的身体里涌动起一股暖流。老人对她笑了笑，说着："只要努力，一只巴掌一样可以拍响。你一样能站起来的！"

当天晚上，她让母亲在一张纸上写下了这样一行字：一只巴掌也能拍响。为了激励自己，她又让母亲又将这张纸贴到了墙上。从那之后，她开始配合医生做物理治疗。有时，甚至父母不在身边的时候，她自己扔开支架，试着走路。蜕变的痛苦是牵扯到筋骨的。她坚持着，她相信自己能够像其他孩子一样行走，奔跑……

就这样，经过蜕变的痛苦后，11岁时，她终于扔掉支架，可以自由地行走了。但她并没有满足，此后，她又向另一个更高的目标努力着，她开始锻炼打篮球和田径运动。现在的她，不但可以跑，而且跑得比别人快。1960年罗马奥运会女子100米跑决赛，当她以11秒18第一个撞线后，掌声雷动，人们都站起来为她喝彩，齐声欢呼着这个美国黑人的名字：威尔玛·鲁道夫。那一届奥运会上，威尔玛·鲁道夫成为当时世界上跑得最快的女人，她共摘取了3枚金牌，也是第一个黑人奥运女子百米冠军。

没有什么困难是战胜不了的，威尔玛·鲁道夫的成功恰恰说明了这一点。磨难是到达理想境界的通途，是攀登者的手杖，是通向成功的基石。它磨砺了我们的品格、才气和胆识，激发了我们奋发向上的雄心和勇气，开启了我们的潜能，使我们的人生更加充实，更加有价值。

每个人在其一生中，都可能会有遭遇坎坷、面对困难的时候。困难的出现，不以人的意志为转移，因此人生在世，注定要背负起经历各种磨难的命运。面对困难，有的人努力奋争，百折不挠；有的人浅尝辄止，一番争取之后，便偃旗息鼓；有的人一陷入困境，便心怀恐惧，不敢面对。其实，困难只是人生的一个驿站，所有的艰难险阻都是通向人生驿站的铺路石。学着淡定地去面对它、跨过它，乐观地在其中小憩一下，养精蓄锐，它就能催人奋发，指引你奔向成功的彼岸。

李·艾柯卡是一个传奇性人物，在美国，他的名字家喻户晓。他曾是美国福特汽车公司的总经理，也是克莱斯勒汽车公司的总经理。作为一个强者，他的座右铭是："奋力向前。即使时运不济，也永不绝望，哪怕天崩地裂。"他1985年发表的自传，成为非小说类书籍中有史以来最畅销的书，印数高达150万册。

李·艾柯卡的一生苦乐参半，他不光有成功的欢乐，也有挫折的懊丧。1946年，21岁的艾柯卡到福特汽车公司当了一名见习工程师。但他对和机器做伴、做技术工作不感兴趣。他喜欢和人打交道，想搞经销。于是，艾柯卡靠自己的奋斗，由一名普通的推销员开始做起，终于一步一步地当上了福特公司的总经理。

没有天天都是顺风顺水的好日子，生活中总会有些磨难。1978年7月13日，对李·艾柯卡来说是不幸的一天。就在这天，他被妒火中烧的大老板亨利·福特开除了。当了八年的总经理、在福特工作已32年、一帆风顺、从来没有在别的地方工作过的李·艾柯卡，突然间失业了。昨天他还是英雄，今天却好像成了麻风病患者，人人都远远避开他，过去公司里的所有朋友都抛弃了他，这是他生命中最大的打击。"艰苦的日子一旦来临，除了做个深呼吸，咬紧牙关尽其所能外，实在也别无选择。"艾柯卡是这么激励自己的，最后也是这么做的。他没有倒下去。他接受了一个新的挑战：应聘到濒临破产的克莱斯勒汽车公司出任总经理。

在以后的5年里，面对着克莱斯勒这艘有待抢救的沉船，艾柯卡凭借着他的智慧、胆识和魄力，大刀阔斧地对企业进行了整顿、改革，并向政府求援，舌战国会议员，取得了巨额贷款，重振企业雄风。1983年8月15日，艾柯卡把面额高达8亿多美元的支票，交给银行代表手里。至此，克莱斯勒还清了所有债务。而恰恰是5年前的这一天，亨利·福特开除了他。

如果艾柯卡不是一个坚忍的人，不敢勇于接受新的挑战，在巨大的打击面前一蹶不振、偃旗息鼓，那么他永远只是一个微不足道的小人物。然而，正是因为他拥有不屈服挫折和敢于面对困难的精神，才成就了事业上的辉煌。

一位哲人说过：一个人绝对不可在遇到困难时，背过身去试图逃避。若是这样做，只会使困难加倍。相反，如果面对它毫不退缩，困难便会减半。在人生的旅途上，遇到各种各样的困难是在所难免的。面对困难，是想方设法战胜它，还是绕道走？勇敢者的选择只能是前者。因为只有勇敢地战胜困难，我们的人生才有意义，我们的事业才能成功。

感恩改变你看待生活的角度

有这样一个故事：

据传印度一个偏僻的小镇，有一个特别灵验的水泉，如果诚心祈祷，就会出现神迹。喝了泉水之后，可以医治各种疾病。有一天，一个因在战争时期失去了一条腿的退伍军人来到了这里。旁边的镇民带着同情的口吻说："可怜的家伙，难道他要向上帝请求再有一条腿吗？"这一句话被退伍的军人听到了，他转过身对他们说："我不是要向上帝请求有一条新的腿，而是要请求她帮助我，教我没有一条腿后，也知道如何过日子。"

学习为所失去的感恩，也接纳失去的事实，不管人生的得与失，总是要让自己的生命充满了亮丽与光彩，不再为过去掉泪，努力的活出自己的生命。

当你遭到不幸的时候，感恩不纯粹是一种心理安慰，也不是对现实的逃避；它是强者歌唱生活的方式，它来自对生活最深沉的爱与希望。

生活是这样的，你对它笑，它也对你笑；你对它哭，它也会对你哭。只要有了一颗感恩的心，你就会受益终身。这样你会觉得你所拥有的就是最好的，不在乎你的得失与成败。在你的眼中只有欢乐，没有忧伤和不幸，这才是人生所能达到的最高境界。心存一颗感恩的心，即使在生命将死之处，也会有清泉涌出。

其实，世间的事就是这样，如果你改变不了世界，那就改变一下你自己。学会感恩生活，换一种眼光去看世界，你会发现所有的"折磨"其实都是促进你生命成长的"清新氧气"。

当艾米丽迎着11月的寒风推开街边一家花让的大门的时候，她的情绪低落到了极点。一直来，她都过着一种一帆风顺的惬意的生活。但是今年，就在她怀着孩子已经4个月的时候，一场小小的交通意外无情地夺走了她肚子里的生命，也夺走了她全部的幸福。这个感恩节本来就是她的预产期，而且偏偏就在上个月，她的丈夫又失去了工作。这连串的打击，令她几乎要崩溃了。

以感恩心做人 以责任心做事

"感恩节"为什么感恩呢？为了那个不小心撞了我的粗心司机司机？还是为个救了我一命却没有帮我保住孩子的气囊？艾米丽困惑地想着，不知不觉就来到一团鲜花面前。"我想订花……"艾米丽犹豫着说。"是感恩节用的吗？"店员问，接着继续说道："我相信，花都是有故事的，在这感恩节里，你一定要那种能传递感激之意的花吧？"

"不"艾米丽脱口而出，"在过去的五个月里，我没有一件顺心的事。"话一说完，她不禁为自己的心直口快感到后悔。"我知道什么对你最适合了。"店员接过话来说。艾米丽大感惊讶。这时，花店的门铃响了起来。"嗨，芭芭拉，我这就去把你订的东西给你拿来。"店员一边对进来的女士打招呼，一边让艾米丽在此稍候，然后就走进了后面一个小工作间里。没过多久，当她再一次出来时候，怀里抱了一大堆的绿叶，蝴蝶结和一把又长又多刺的玫瑰花枝—那些玫瑰花被枝剪得整整齐齐，只是上面连一朵花也没有。

"嗯"，艾米丽忍不住开口了，声音变得有点结结巴巴的，"那女士带着她的……嗯……她走了，却没有拿花！""是的"店员说到，"我把花都剪掉了。那就是我们的特别奉献，我把它叫做感恩节荆棘花束。""哦，得了吧，你不是要告诉我居然有人愿意花钱买这玩意吧？"艾米丽不理解地大声说道。

"3年前，当芭芭拉走进我们花店的时候，感觉就跟你现在一样，认为生活中没有什么值得感恩的。"店员解释道："当时，她父亲刚刚死于癌症，家族事业也正摇摇欲坠，儿子在吸毒，她自己也正面临着一个大手术。我的丈夫

074

也正好是在那年去世的。"店员继续说道："我一生当中头一回一个人过感恩节。我没有孩子，没有丈夫，没有家人，也没有钱去旅游。"

"那你怎么办呢？"艾米丽问道。"我学会了为生命中的荆棘感恩。"店员沉静地回答，"我过去一直为生活当中美好的事物感恩，却从没有问过为什么自己会得到那么多的好东西。但是，当厄运降临的时候，我问了。我花了很长时间才明白，原来黑暗的日子也是非常重要的。我一直都在享受着生活的'花朵'，但是荆棘使我明白了上帝的安慰是多么的美好。你知道吗？圣经上说，当我们受苦的时候，上帝安慰了我们。借着上帝的安慰，我们也学会了安慰别人。"

艾米丽屏住呼吸思索着眼前这位店主的话，犹豫地说："我想说句心里话，我不想要什么安慰，因为我失去了我的孩子，我的丈夫失去了工作，我感到对上帝生气。"正在这时，又有人走了进来，是一个头顶光秃秃的矮个子胖男人。

"我太太让我来取我们的'感恩节特别奉献'……12根带刺的长枝！"那个叫菲利的男人一边接过店员从冰箱里取出来的，用纸巾包扎好的花枝，一边笑着说。"这是给你太太的。"艾米丽难以置信的问道："如果你不介意的话，我想知道你太太为什么想要这个东西？""我不介意……我很高兴你这样问。"菲利回答说："4年前，我和我太太差一点就要离婚了。在结婚40多年后，我们的婚姻陷入了僵局。但是，靠着上帝的恩典和指引，我们总算把问题解决了。我们又和好如初。这儿的店员告诉我们，为了让自己牢记在'荆棘时刻'里学到的功课，她总是摆着一瓶子的玫瑰花枝。这正合人意，因此就捎了些回家。我和我太太决定把我们的问题都写在标签上，然后把它们一一贴在这些花枝上。一根枝子代表一个问题，然后我们就为我们从这些问题上所学到的功课而感恩。""我诚挚向你推荐这一特别奉献！"菲利一边付账，一边对艾米丽说。"我实在不知道我能够为我生命中的荆棘感恩？"艾米丽对店员说道，"这有点不可思议。""嗯"，店员小心翼翼地说："我的经验告诉我，荆棘能够把玫瑰衬托得更加宝贵。人在遇到麻烦的时候会更加珍惜上帝的慈爱和帮助，我和菲利夫妇都是这么过来的。因此，不要恼恨荆棘。"

眼泪从艾米丽的面颊上滑落，她抛开她的怨恨，哽咽道："我要买下12枝带刺的花枝，该付多钱？""不要钱"，你只要答应我把你内心的伤口治好就行了。这里所有顾客第一年的特别奉献都是由我送的。"店员微笑着递给艾米丽一张明信片，说道："我会把这张明信片附在你的礼品上，不过或许你可以先看看。"

艾米丽打开卡片，上面写着：我的上帝啊！我曾无数次地为我生命中的玫瑰而感谢过你，但我却从来没有为我生命中的荆棘而感谢过您，通过我的眼泪，帮助我看到那更加明亮的彩虹……"眼泪再一次从艾米丽的脸颊上滑落。

生活的真谛，并不在于你失去了什么，而在于你拥有些什么。学着感恩，做个知足的人，你会感到生活是这样美好！

学会感恩，你就不会因为所谓的不公而怨天尤人，斤斤计较；学会感恩，你就不会一味地索取，一味地膨胀自己的欲念。人生苦短，生命有限，我们应该多采撷生活的美果放于幸福的篮中，使生活甜蜜、快乐、幸福。

感谢生活给予我们的一切，无论是欢笑还是泪水，这就是多姿多彩的生活，我们要永远心怀感恩。

以平常心对待生活中的每一天

在竞争激烈的社会中，我们大多数人还是在平凡的岗位上，为了各自的衣食住行忙碌奔波。成功者毕竟还是少数，面对别人的成功，面对别人的荣华富贵，我们究竟会怎样看待呢？想开心幸福地过日子，活出个精神气来，我们就必须学会感恩生活，心里装有一颗平常心。

什么是平常心呢？马祖道一禅师经常说："平常心是道。"这种道没有被妄想和执念侵蚀，没有计较分别，没有是非取舍。

真正做到以一颗平常心对待是何其不容易。遇到逆境，不要怨天尤人，处在顺境，也不要欣喜若狂。真正具有平常心的人，在各种情况下都能保持平和的心态，能够做到"不以物喜，不以己悲"，安然自若，怡然自得。

有这样一个故事：

有个信徒问慧海禅师："您是有名的禅师，可有什么与众不同的地方？"

慧海禅师答道："有。"

信徒问道："是什么呢？"

慧海禅师答道："我感觉饿的时候就吃饭，感觉疲倦的时候就睡觉。"

"这算什么与众不同的地方，每个人都是这样的，有什么区别呢？"慧海禅师答道："当然是不一样的！"

"为什么不一样呢？"信徒问道。

慧海禅师说道："他们吃饭的时候总是想着别的事情，不专心吃饭；他们睡觉时也总是做梦，睡不安稳。而我吃饭就是吃饭，什么也不想；我睡觉的时候从来不做梦，所以睡得安稳。这就是我与众不同的地方。"

慧海禅师继续说道："世人很难做到一心一用，他们在利害中穿梭，囿于浮华的宠辱，产生了'种种思量'和'千般妄想'。他们在生命的表层停留不前，这是他们生命中最大的障碍，他们因此而迷失了自己，丧失了'平常心'。要知道，只要将心灵融入世界，用心去感受生命，才能找到生命的真谛。"

故事中所谓的"平常心"就是指享受生活中的平凡和简单，只要能把心态放平稳，不要被外界的动乱干扰，就是拥有一颗真正的平常心。

要想保持平常心，首先要感恩生活，感谢生活给予的一切，无论是好的还是坏了。对事对人不要强求，不要完美主义，要顺其自然，人生在世界，不如意十之有八九，所以发生就发生了，顺它而去，这样才会有广阔的胸怀，做大的事情。

人生本就是一个自然的状态，失意和得意不过是人生的两种状态，我们不必为此改变自己的情绪。要用一颗平常心，淡然面对得意，坦然面对失意。

有一次，美国总统罗斯福家被盗，家里被翻得乱七八糟，所有值钱的东西都被洗劫一空，无一幸免。在得知这样的恶劣消息后，罗斯福的很多朋友都前来相劝，试图说服他不要悲伤难过，不要太在意这些财产。谁知罗斯福听到这样的话以后，反而大笑起来："我亲爱的朋友们，谢谢你们的宽慰，我知道你们很担心我，为我伤心，可是你们为何要伤心呢，我现在非常的好。我要感谢上帝。"大家都十分不解。罗斯福随后说道："因为，第一，我还活着，偷东西的人只是偷了我的东西，并没有伤害我的生命；第二，偷东西的人只是偷了我部分物质上的东西，精神上的灵魂他永远也偷不走；第三，多么值得庆幸的是，是他在偷东西，而不是我。"

也许只有罗斯福在面对家中横祸的时候，还能够笑着说出这些话吧。对常人来说，无故被盗取所有财产，无异于晴天霹雳。而罗斯福以一颗豁达的心态去看待这件事，以一颗平常心来乐观冷静的地对待。可以说，把自己的心境放在什么位置，心安之处就是你的故乡。以泰然处之的心态去看待那些好的和不好的得意和失意之事，这就是道。以平常的心态对待生活，对待种种意外，是人生最高境界的表现。

以平常心观不平常事，则事事平常。平常心不是"看破红尘"平常心不是消极遁世。平常心是一种心境，不仅是对待周围的环境要做到"不以物喜，不以己悲"，更要对周围的人和事做到"宠辱不惊，去留无意"，这样才能让我们的生活，有一份平静和谐。

公司要裁员，名单公布后，内勤部办公室的王丽和李红按规定一个月后离岗。

那天，大伙儿看她俩都小心翼翼，更不敢和她们多说一句话，因为，她俩的眼圈都红红的。这事摊到谁身上都难以接受。

第二天上班，这是王丽和李红在单位的最后一个月，王丽的情绪很激动，谁跟她说话，她都像吃了火药似的，逮着谁就向谁开火。裁员名单是老总定的，跟其他人没关系，甚至跟内勤部都没关系。王丽也知道，可心里憋气得很，又不敢找老总去发泄，只好找杯子、文件夹、抽屉撒气。

"砰砰""咚咚"，大伙儿的心被她提上来又摔下去，空气都快凝固了。人之将走，其行也哀，谁忍心去责备她呢？

王丽仍旧不能出气，又去找主任诉冤，找同事哭诉。

"凭什么把我裁掉？我干得好好的……"眼珠一转，滚下泪来。旁边的人心里酸酸的，恨不得一时冲动让自己替下王丽。自然，办公室订盒饭、传递文件、收发信件，原来是王丽做的，现在却无人过问。

不久听说，王丽找了一些人到老总那儿说情。好像都是重量级的人物，王丽着实高兴了好几天。不久又听说，这一次是"一刀切"谁也通融不了。王丽再次受到打击，忿忿的，异样的目光在每个人脸上刮来刮去，仿佛有谁在背后捣她的鬼，她要把那人用眼钩子勾出来。许多人开始怕她，都躲着她。王丽原来很讨人喜欢的，现在，她人未走，大家却有点讨厌她了。

李红也很讨人喜欢。同事们早已习惯了这样对她："李红，把这个打一下，快点儿！""李红，快把这个传出去。"李红总是连声答应，手指像她的舌头一样灵巧。

裁员名单公布后，李红哭了一晚上。第二天上班也无精打采，可打开电脑，拉开键盘，她就和以往一样地干开了，李红见大伙不好意思再嘱咐她做什么，便特地跟大家打招呼，主动揽活。

她说："是福跑不了，是祸躲不了，反正这样了，不如干好最后一个月，以后想干恐怕都没机会了。"李红心里渐渐平静了，仍然勤劳地打字复印，随叫随到，坚守在她的岗位上。

一个月满，王丽如期下岗，而李红却被从裁员名单中删除，留了下来，主任当众传达了老总的话："李红的岗位，谁也无法替代，李红这样的员工，公司永远不会嫌多！"

这个故事给了我们一个有益的启示：人生中，有很多事情是我们所不能改变了的，我们能改变的只有自己的心态，我们需要保持一颗平常心。保持平常心，就是保持一种轻松平和的心态，正确地看待自己，宽容地对待别人，努力与周围的环境保持和谐。人生活在社会中，自然要与他人、与社会发生这样那样的联系，这就有一个以什么样的心态和方式去做人做事的问题。一个人只要心怀感恩，保持轻松平和的心态，就能不被物欲束缠住心灵、不被狭隘遮住视线，妥善处理方方面面的关系，更好地干事创业，实现自己的人生价值。

人生有太多不平常的起起落落，我们要保持一颗平常心来泰然处之，才能够感悟平常人生之无限魅力。有一颗平常心，就能以冷静的眼光看待一切，以平静的心态对待一切，淡泊名利，泰然处之，困难面前不气馁，挫折面前不灰心，诱惑面前不动摇，虚荣面前不贪心。那么，你生活的每一天都了充满快乐，你生活的每一天都充满了幸福。

感恩的人，必定会有一颗知足的心

"知足者常乐"是人们津津乐道的处世哲学，它是客观地评价我们已经实现的目标和愿望，并对自己现在生活状态取得的成绩很满意，从而始终保持愉快、平和的心态。知足常乐要求我们怀有一个感恩的心，用平和的心态来对待现实。当然这并不是说你因此就可以天天躺着不工作，一味地享受过去取得的成果，而是对现有收获的感恩和珍惜，对目前成果的充分享受，懂得做事不可急功近利贪得无厌。在这个物欲横流、人人都为自己着想的社会，虽然大家都明白这个道理，但又有多少人能够真正地体会到"知足者常乐"的意境呢？

从前有一个国王，富有整个天下，可以为所欲为。但是，他却不知道自己是否幸福。并且为此而深深苦恼，于是，他命令其手下去给他找一个幸福的人来，好让他看一看怎样才是幸福。奉命寻找幸福的人想："全国上下，谁会最幸福呢？应该是宰相，他大权在握，位高权重。"于是，他们找到了宰相，并向他说明了来意，宰相闻讯，陷入沉思，然后他说道："其实我并不幸福，尽管位高权重，但是官场上尔虞我诈，勾心斗角，难以论理。我为此费尽心思，终日不得安宁，哪里还会有幸福。"为国王寻找幸福的人只好退了出来，重新再考虑谁会幸福，这时他想到了财务大臣，于是就前去拜访，向他说明了来意。那财务大臣回答："对不起，我并不幸福，尽管我有万贯家产，掌管着国库，可是生意场上变幻莫测，我为此终日忧虑，并且每日还担心有人前来偷窃，我又怎么能够幸福呢？"奉命寻找幸福的人，又走访了国防大臣，想他军权在握，可能会幸福；走访了内务大臣，想他人缘广阔，可能会幸福……，就这样，他们又走访了许多他们认为可能会幸福的人，可是始终未能找到真正幸福的人。无奈之下，他们走出城外，想到远处再去寻访，途中遇到一位农民，一边在田里耕作，一边在唱着一首"幸福歌"："天下的国王不幸福，天下的宰相不知足……，天下的谁人最幸福，唯我农人最知足。"国王的手下一听喜出望外。

这虽然是一个小故事，但反映出了关于幸福的思考和问题：知足是人生最大的幸福。其实，每个人心中都有一把幸福的钥匙，但我们却常常身在福中不知福。因为不懂感恩，贪心、不满足，得寸进尺，在已拥有的基础上要求得到更多，所以感觉不到幸福。希腊大哲伊比鸠鲁说过："如果你要使一个人快乐，别增添他的财富，而要减少他的欲望。"的确如此，一个人要得到幸福和快乐，并不需要追求什么，而是要放弃那个追求。放弃越多，欲望就越少；欲望越少，满足就越多，幸福也就越多。生活中，只有那些知足的人，才会活得幸福、活得快乐、活得单纯、活得踏实。

正所谓：知足者常乐。所谓知足，是种平和的境界。所谓常乐，是一种豁达的人生态度，是说这个人懂得取舍，也懂得放弃，更懂得适可而止，而不是说这个人安于现状，没有追求、没有目标。

每个人都希望得到快乐，但是快乐并不是每个人都能感受到的，有的人常常感到没有快乐或者很少有快乐。其实，只要我们长存知足之心，用乐观积极的态度对待现实，以感恩的心对待人生，就会感到快乐就在身边。

生活中，我们的家庭、生活可能并不是很称心如意，我们的工作、事业可能不是一帆风顺，但是我们可以从不利中寻找到有利。如果你的孩子学习成绩不理想，要想到他还有一个健康的身体，还有健全的人格，他没有整天泡网吧不回家；如果你没有大房子，没有汽车，要想起码你还有家，还能吃饱饭；如果你在事业上刚刚小有成就，准备进行投资大干一场，就遇上了全球经济危机，要想到经济危机不仅是一人受影响，何况已经小有成就，也许改变调整投资意向，就会有意想不到的收获。

    有一位小伙子经常对别人说他是个大富翁。这话传到了税务人员的耳朵里，引起了税务部门的注意，就派了一个人去调查他。税务员问道："请问你都有什么财产？不管是房子车子还是金银古玩字画，估价多少？"

    小伙子说："你说的那些东西我一样也没有，但我有年轻健康的身体，它使我有充足的精力去干我想干的工作，使我有心情欣赏饭菜的美味、花草的清香。"

    税务员问："健康不是财产，除了这个，你还有什么财产？"

    小伙子回答道："我还有一个美丽而贤惠的妻子，每天把家收拾得干干净净，有烦恼时总能得到她的安慰和帮助。"

    税务员疑惑地说："还有别的什么吗？"

    小伙子兴奋地说："我还有一个聪明活泼的儿子，不但学习成绩一流，他还很懂事，每当我工作累了的时候他就会给我捶捶背什么的。"

    税务员不满地说："你说你是个最富的大富翁，银行里有多少存款？"

    小伙子看了看税务员，微笑着说："我拥有健康年轻，一个妻子一个儿子，难道算不上世上最富有的人吗？"

    我们从这个故事里看到了感恩生活、知足常乐的可贵。生活中，我们要把一切都看得平淡些，看得轻松些，不要期望太高，也不要过分地求全苛刻。政治家、哲学家塞尼加曾说："如果你一直贪得无厌，那么即使你拥有了世界上所有的，也会觉得财富不开心。"请记住以下这话：即使你拥有亿万财富，一天也只能过二十四个小时，晚上也只能睡一张床，即使是一个满大街到处要饭的人也可以得到这种享受，而且他们可能比世界首富吃得更津津有味，睡得更安稳。

所以，我们应该对自己的生活感恩和知足，承认和满足现状不失为一种自我解脱的方式。学会知足，我们才能用一种超然的心态对待眼前的一切；知足后才能常乐，我们才能坚守自己的精神家园，执着追求自己的人生目标；知足常乐，我们才能让生活多一些光亮，多一份感觉，学会知足，我们才会更快乐……古贤云："贪得者，虽富亦贫，知足者，虽贫亦富。"唯有能惜福者，才能知足，知惜福才能领悟自己所需的并不多；能知自己所需的并不多，才能知足，能知足才能少欲；能少欲，才能安分；能安分才能有所为、有所不为。此即"无欲则刚"的道理。所以我们不妨学会知足常乐。

曾经有人说过这样一段话：

如果早上醒来，你发现自己还能自由呼吸，你就比在这一周离开人世的100万人更有福气。

如果你从未经历过战争的危险、被囚禁的孤寂、受折磨的痛苦和忍饥挨饿的难受……你已经好过世界上5亿人。

如果你的冰箱里有食物，身上有足够的衣服，有屋栖身，你已经比世界上70%的人更富足。

如果你银行户头有存款，钱包里有现金，你已经身居世界上最富有的8%的人之列。

如果你的双亲仍然在世，并且没有分居或离婚，你已属于稀少的一群。

如果你能抬起头，带着笑容，内心充满感恩的心情，你是真的幸福——因为世界上大部分的人都可以这样做，但是，他们没有。

如果你能握着一个人的手，拥抱他，或者只在他的肩膀上拍一下……你的确有福气——因为你所做的，已经等同于上帝才能做到的。

当你读完这段话时，内心是否也感到一阵巨大的震动呢？你或许是平凡的，但你不一定就不幸福。你的财富往往就是这些看似平凡的东西，只要你拥有一颗知足的心，就不会被虚荣蒙上你的眼睛，你才会发现这一切，它们都不应当被你忽略。知足者常乐，五个字而已，快乐也就是这么简单。

知足常乐是一种健康的人生态度，它让你用感恩、宽容的心态来对待人生，面对生活，因为这种心态能让你在生活上不贪婪、不奢求、不浮躁，从而达到心境平和而宁静。就生命的本质而言，知足常乐充满了平凡而又深奥的哲理，人人都应该深长思之。

人生贵在知足，知足者常乐。人的一生可追求的东西很多，但真正可以拥有的却少之又少。那么，我们就该清楚：知足多一点儿，快乐就多一点儿。

第五章 热爱生活，珍惜你现在的所有

心中有爱才能感恩

一个印度哲人说："就像母亲疼爱自己的孩子，照料他、保护他、教育他一样，你们每一个人都要在自己身上种植、培养和爱护那世上最宝贵的东西：对他人和对一切有生命者的爱。"

生命的最大价值是向他人施与爱心，我们的人生好坏往往不是由自己评定的。别人和社会是我们的参照物，我们只有学会付出，施与爱心，才能体现出我们的人生价值。对于一个有给予心的人来说，别人对于他所提供帮助的那些小事比他曾经做过的那些大事记得更清楚，会在被给予者脑海中留下更深的印象。

英国诗人勃朗宁说："我是幸福的，因为我爱，因为我有爱。"从小到大，我们都生活在一个爱的世界里，每天都感受着来自周围的爱，这个世界如果没有爱，将会变成一片荒芜的沙漠。

这是发生在英国的一个真实故事。

有位孤独的老人，无儿无女，又体弱多病。他决定搬到养老院去。老人宣布出售他漂亮的住宅，购买者闻讯蜂拥而至。住宅底价8万英镑，但人们很快就将它炒到了10万英镑。价钱还在不断攀升。老人深陷在沙发里，满目忧郁，是的，要不是健康状况不行，他是不会卖掉这栋陪他度过大半生的住宅的。

一个衣着朴素的青年来到老人眼前，弯下腰，低声说："先生，我也好想买这栋住宅，可我只有1万英镑。可是，如果您把住宅卖给我，我保证会让您依旧生活在这里，和我一起喝茶、读报、散步，天天都快快乐乐的——相信我，我会用整颗心来照顾您！"

老人微笑点头，把住宅以1万英镑的价钱卖给了他。

完成梦想，不一定非得要冷酷地竞争和比拼，有时，只要你拥有一颗爱人之心，那么还有什么能难倒你呢？

在这世上，有一种最能体现无私意蕴的情感叫做爱心，它能清除悲伤的瓦砾，推倒绝望的断壁，也能点燃希望的灯。一点一滴无声的爱是很关键的，爱心所至，必将春风化雨暖人心。

爱心不是偶然的，是从一个人的一举一动中显现出来的。爱心给人的感觉不是伟大，而是平凡，心是人活动的天地，一个微笑，一句暖语，都会让人感到温暖。一个社会，"献爱心"的人越多，世风民风就越淳朴，社会就越安定，人与人之间就越和谐。

　　越南战争刚刚结束，一个美国士兵打完仗后回到国内，在旧金山旅馆里他夜不能寐，他转动着翻来覆去想着心事。午夜，他给家中的父母打了一个电话。

　　"爸爸、妈妈，我就要回家了，"

　　"欢迎你呀，孩子！我和你妈想你呢！"

　　"可是我带回一个缺一条腿和一条胳膊的残疾人，我希望他能和我们住在一起。"

　　"我们为他感到遗憾，帮他另找一个地方住下，好吗？"

　　"不，他只能和我们住在一起。"儿子坚持道。

　　"孩子，你不知道，他会给我们造成很大拖累的，他会有活路的。"

　　话没说完，儿子的电话挂断了。父母在家等了许多天，未见儿子回来。

　　一个星期后，他们接到警察的通知，到旧金山见一个人。他们见到坠楼自杀儿子的尸体，并且惊愕地发现：他们的儿子正好少了一条腿和一条胳膊。

　　这也许就是自私付出的代价！我们不能因此说这对父母不爱自己的儿子，只能说这个儿子希望得到父母真诚的爱，而不是有条件的在"不拖累的"前提下的爱。我们每个人在震撼之中能否反思一下自己：我们在对待父母子女和亲友，或邻里朋友，我们的爱心，我们的感恩之心，有多少？扪心自问，我们在某些稍许触及自己利益的时候，是不是良心还在？为了眼前利益而忘记了过去有恩于我们的人？

生命本来没有意义，只要你给它爱心，它就有了意义。爱心可以使生活闪光，可以使平凡的事业辉煌。这位邮递员有了爱心，就连收信人脸上那种喜悦的表情，也能在身上产生巨大的力量，变成成功的动力。

世上每个人都期望得到爱。爱的力量是伟大的，是无可比拟的。它穿越时空，照亮一个人心中的黑暗；它无私而高尚，融化人们冰冷的心田；它不求回报，心甘情愿地付出。给人以爱，你也将处处得到人爱。

在波斯里亚的一个小村庄里，住着一个叫弗西姆的妇人，她有两个可爱的儿子和一个善良的丈夫，她的丈夫在奥地利工作，有一天，丈夫从奥地利带回两条金鱼，养在鱼缸里。

不久，波斯尼亚战争爆发了，弗里姆的丈夫为国家献出了生命，而战争也毁灭了他们的家园，弗西姆只好带着孩子到他乡逃难，临行前，弗西姆并没有忘记那两条金鱼，因为那也是两条生命啊，而且还是丈夫给自己和孩子的礼物。她把金鱼轻轻地放入一个小水坑里，然后出发了。

几年以后，战争结束了，弗里姆和孩子们重返家园。而家乡仍是一片废墟，弗西姆不知道怎样才能使自己的家重现生机。

忽然，她发现在她曾经放过金鱼的小水坑里，浮动着点点金光，原来是一群可爱的小金鱼。它们一定是那两条金鱼的后代。弗西姆突然间看到了希望，她像看到了丈夫的鼓励，她和孩子们精心饲养起那些金鱼来，她相信，生活会像金鱼一样，越来越好。

弗西姆和她的金鱼的故事逐渐流传开来。人们从各地赶来，观赏这些金鱼，当然，走的时候也不会忘记买上两条带回家。也许，那金鱼象征着希望。没用多长时间，弗西姆和孩子们凭着卖金鱼的收入，过上了幸福的生活。

弗西姆用自己的爱心拯救了两条金鱼的生命。虽然我们无法预言金鱼的繁衍，那是偶然的现象；但是，爱心不是偶然的，是从一个人的一举一动中显现出来的。它可以带给人们希望，创造幸福和快乐，还可以创造神话般的奇迹。

爱是一粒种子，只要你把它种在自己心中，用心浇灌，它就会带给你美丽的果实——成功与财富。

只有施与爱心才能体现出生命的最大价值，这是追求成功者需要的感恩心态。爱的巨大力量可以巩固和完善我们的优良品格，懂得这一人生秘密的人往往抓住了通行于世界的根本原则，能够认识到世间事物的美好与真实，并过上一种幸福的生活。

心中有爱，我们才能用感恩之心看世界，我们会让父母欣慰，让朋友快乐。用感恩之心看世界，我们会平添几分信心，增长几分激情，热情回报社会。

让我们用微笑面对生命，轻轻地说：我懂得回报，我会让爱我的人因我而幸福。

心怀感恩，把重点放在当下

人生是美好的。但是人生中最美好的东西，不在过去，也不在未来，人生中最美好的东西，就在"现在"，就在稍纵即逝的每一刻。古希腊学者库里希坡斯曾说过：过去与未来并不是"存在"的东西，而是"存在过"和"可能存在"的东西。唯一"存在"的是当下。任何懂得珍惜自己的人，必须首先珍惜"现在"，珍惜生命中的每一刻。

昨天已成为了过去，明天还未来到，在自己手中牢牢掌握的只有现在。心怀感恩，把握现在，活在当下，全心全力做好身边的每一件事，才是真正的人生。

很久很久以前，在一片田野上，有两条小河流。它们灌溉着东西两边的土地，使那里的人们安居乐业，安定地生活。人们很尊敬地将两条小河称为"母亲河"。

日子久了，一条小河开始不满足目前的生活，它说："我们的生活真没意思，每天都在这偏僻的村庄，不知道外面的世界究竟是什么样子，难道你不想出去看看吗？"

另一条小河说："做什么事都不能好高骛远，我们现在不是滋润着一方土地，养活着一方百姓，这不是最好的生活吗？你为什么非要出去？"可惜它的劝告没什么效果，那条小河义无反顾地冲向远方，再也看不到了。

很多年后，留在原地的小河听到了出走小河的消息，它进了沙漠，终于干涸。因为它的离开，东边的土地不再肥沃，人们只好迁到西边，并拓宽了河道，让小河更加宽阔。西边的小河叹息道："有追求是好事，但是，做好眼前的事不是更重要吗？每天看着劳作的男人、织布做饭的女人，还有那些快乐的孩子，不就是最好的事？"

"当下"不仅仅是个时间概念，它还代表了一种生活状态，包括你的心态、你所处的环境、你身边的人以及他们对你的态度，所有这些因素加起来就是完整的"当下"。"当下"常常不能让人满意，亟待改变，但有些人不是以当下为基础，变得更好，而是好高骛远，就像那条最后冲进沙漠的小河，不能好好把握当下，就会损失未来。

幸福对于每个人来说，是一种最值得期待的人生目标。幸福其实也很简单，它就是感恩生活，珍惜每一天，把每一天、每个瞬间都当作永恒来看待。即不抱怨过去，也不只是憧憬未来。而是做好自己，享受当下的充实，心灵的安宁。

许多年前，一位聪明的老国王召集了聪明的大臣，给他们一个任务："我要你们编一本《古今智慧录》，将世界上最聪明的思想留给子孙。"这些聪明的大臣离开国王以后，工作了一段很长时间，最后完成了一本洋洋12卷的巨作。国王看了说："各位先生，我相信这是古今智慧的结晶，然而，它太厚了，我怕人们读不完。把它浓缩一下吧！"这些聪明的大臣又进行了长期的努力工作。结果这些聪明人把一本书浓缩为一章，然后缩为一页，再变一段，最后则变为一句话。聪明国王看到这句话时，显得很得意。"各位先生，"他说，"这真是古今智慧的结晶，我们全国各地的人一旦知道这个真理，我们大部分的问题就可以解决了。"

这句凝聚世界上最聪明思想的话是："活在当下。"

让我们活在当下，既不是过去，也不是未来。活在当下并非不去回忆往昔，预想未来，而是专注于这一过程！只有臣服于当下，抓住此时此刻，才能拥有真正的自我，找到平和与宁静的秘诀。因此，我们必须珍惜生命中的分分秒秒，珍惜每一个"现在"。从"现在"起，尽自己的所能，在生命余下的旅程中留下自己能够留下的东西，只要能够这样想和这样做，即使到了垂暮之年，觉悟都不能算晚，生命就总会迸出火花。

在纷扰复杂的社会中，要保持良好的心态和平和的心境，有一个好的方法，就是把握当下，心怀感恩。每个人的生命只有一次，过去无法改变，未来尚未发生。只有当下才是最为真实的，它承载过去，连接着未来。只有怀着一颗感恩的心，把握好当下，才能创造未来的辉煌，让人生变得丰盈而美好！

1871年春天，一个年轻人，作为一名蒙特瑞综合医院的医科学生，他的生活中充满了忧虑：怎样才能通过期末考试？该做些什么事情？该到什么地方去？怎样才能开业？怎样才能谋生？他拿起一本书，看到了对他的前途有着很大影响的一句话，这句话使1871年这位年轻的医科学生成为当时最著名的医学家。他创建了闻名全球的约翰·霍普金斯医学院，成为牛津大学医学院的钦定讲座教授——这是大英帝国医学界所能得到的最高荣誉——他还被英王封为爵士。他死后，记述他一生经历的两大卷书达1466页。

他就是威廉·奥斯勒爵士。1871年春天他看到的那句话帮助他度过了无忧无虑的一生。这句话就是："最重要的是不要去看远处模糊的，而要去做手边清楚的事。"是汤姆斯·卡莱里所写的。

四十二年后的一个温暖的春夜里，在开满郁金香的校园中，威廉·奥斯勒爵士在耶鲁大学的学生发表讲演。他对那些耶鲁大学的学生们说，像这样一个人，曾经在四所大学里当过教授，写过一本很受欢迎的书，似乎应该有着"特殊的头脑"，其实不然，他的一些好朋友都说，他的脑筋其实是"普普通通"的。

那么，他成功的秘诀是什么呢？他认为是由于他生活在"一个完全独立的今天"里。

在去耶鲁演讲的几个月以前，他曾乘一艘很大的海轮横渡大西洋。他看见船长站在驾驶舱里按了一个按钮，在一阵机器运转的响声后，船的几个部分就立刻彼此隔绝开了——隔成几个防水的隔舱。

奥斯勒爵士对那些耶鲁的学生说："你们每一个人的机制都要比那条大海轮精美得多，而且要走的航程也遥远得多。我想奉劝诸位：你们也应该学会控制自己的一切。只有活在一个'完全独立的今天'中，才能在航行中确保安全。在驾驶舱中，你会发现那些大隔舱都各有用处。按下一个按钮。注意观察你生活中的每一个侧面，用铁门把过去隔断那些已经逝去的昨天；按下另一个按组，用铁门把未来也隔断——隔断那些尚未诞生的明天。然后你就保险了。埋葬已经逝去的过去，切断那些会把傻子引上死亡之路的昨天。明天的重担加上昨天的重担，必将成为今天的最大障碍。要把未来像过去那样紧紧地关在门外。"

活在当下意味着无忧无悔。对未来会发生什么不去作无谓的想象与担心，所以无忧；对过去已发生的事也不作无谓的思维与计较得失，所以无悔。人能无忧无悔地活在当下，可谓是一种人生的境界。

感恩的人更容易得到幸福

人们常说：懂得感恩的人会懂得珍惜，就容易得到幸福。那么，感恩到底是什么？幸福又是什么？

曾听过有一对夫妻的故事：

一天深夜，妻子腹痛不止，丈夫四处打电话要车不成，只好亲自背着妻子上医院，这时，外面狂风暴雨，电闪雷鸣，妻子下身血流不止，丈夫背着妻子在风雨里深一脚、浅一脚地艰难行走，丈夫说："我现在才明白，什么是相依为命。"妻子伏在丈夫背上，微弱地说："我现在才感觉到，什么叫幸福。" 天哪，在狂风暴雨中，一个腹痛不止、血流不止的女人，她竟然说她——幸福？这是对幸福的感动。

人的一生，是追求幸福的一生，没有人会拒绝幸福，也没有人会放弃幸福，每个人都喜欢幸福，追求幸福因人而异，不同的人有不同的幸福，不同的人追求不同的幸福，那么什么是幸福？

千百年来，无论是智者哲人或是平民百姓都试图给这一问题找到一个完美的答案，然而你问一千个人，可能会得到一千种对幸福的解读。

肚子饿的时候，有一碗热腾腾的面条放在面前，这就是幸福。

筋疲力尽的时候，躺在软软的床上，这就是幸福。

痛哭的时候，旁边有人温柔地递来一张纸巾，这就是幸福。

……

幸福本没有绝对的定义，只要你怀有一个感恩的心，平常的一些小事也能撼动你的心灵，幸福与否，只在于你如何看待。

美国作家霍桑曾说："幸福是一只蝴蝶，你要追逐它的时候，总是追不到；但是如果你静悄悄地坐下来，它也许会飞落你身上。"其实，幸福就是内心的一种感受，一种略带甘甜味道的享受。

幸福是每个人都向往的一种生活，但又有多少人能感觉到自己的幸福。幸福不是凭空得来的，也不要觉得幸福是顺其自然就可能得到的，唯有感恩生活，把握现在，才是真正的幸福。

美国教育家杜朗曾叙述过他如何寻找幸福。他先从知识里找幸福，得到的只是幻灭；从旅行里找，得到的只是疲倦；从财富里找，得到的只是争斗与忧愁；从写作中找，得到的只是劳累。直到有一天，他在火车站看见一辆小汽车里坐着一位年轻妇女，怀里抱着一个熟睡的婴儿。一位中年男子从火车上下来，径直走到汽车旁边。他吻了一下妻子，又轻轻地吻了婴儿——生怕把他惊醒。然后，这一家人就开车离去了。这时杜朗才惊奇地发现什么是真正的幸福。他高兴地松了口气，从此懂得：生活的每一平常活动都带有某种幸福。

幸福就是这样，当我们苦苦地追求时，往往却遭遇到痛苦。然而，当我们轻松愉快地活着时，却发现幸福时刻围绕在我们身边。其实，幸福可以很简单，简单到我们都忽略了它的存在！只要对生活感恩，把握住你现在拥有的，便是人生最大的幸福。

英国哲学家休谟说："所有人类努力的伟大目标在于获得幸福。"幸福感是一种积极的心理体验，是对生活的客观条件和所处状态的一种感受，又是对生活的意义和满足程度的一种主观判断。

"一个人要对昨天的日子感到快乐，对今天的生活感恩，对明天感到有信心。"你如果做到，那就是幸福了。其实幸福不是向外在环境索求，幸福只是一种内在的感受：在某一刹那，

以感恩心**做人** 以责任心**做事**

心中的某一根隐秘的弦忽然被牵动，泛出甜美的满足感，那便是幸福。

但有很多人却忽略了这种感觉，把追求幸福当成了一项事业，结果反而离幸福越来越远，人也越来越空虚，越来越不快乐。

从前，有一个年轻的王子，他拥有常人不曾有的财富，甚至拥有未来的王国，但他还是感受不到幸福，终于有一天他决定离开王宫，去寻找他想要的幸福。因为在他们国内有一位巫师跟他说："幸福是一只青色的鸟，有着世界上最美妙清脆的歌喉。如果找到它，就要把它马上关进一个黄金做成的笼子里，这样，你就会感到幸福。" 王子听了这位巫师的话后，不顾国王及王后的苦苦劝阻，就带了一个黄金笼子踏上了寻找那只代表幸福的青鸟之路。英勇的王子一路上遇到了许多艰难险阻，但是他都没有退却，只因为在他心中有一个一定要幸福的梦想。

王子走了很久，学到了很多以前从没看过、从没听过的知识，成了一个见多识广的人。

在这个过程中，他抓过很多青色的鸟，但是总在放进黄金鸟笼后不久，鸟便死去了。他知道，那根本不是他要寻找的幸福。

直到有一天，黄金鸟笼变得不再金光灿烂，王子也不再英姿焕发。他突然强烈地想起远方的父母。于是他回到了自己的家乡，才发现已经物是人非。国王和王后早在他离去没多长时间，就因为过度悲伤和思念而离开了人世。由于没有继承人，而这个王国的人民又需要享有庇护，所以他们渐渐地离开了这里，搬去了邻国，这个王国最后只剩下一些老人和孩子。

王子很伤心，在荒凉的街头落寞地走着，这时有一个鬓发斑白的老人拉住了他的衣角，他盯着他怀里的黄金鸟笼子。

"你是，你是…大巫师！"王子认出了他，失声叫道。

"尊敬的王子，是我对不起你，我真不应该叫你去寻找青鸟。"老人难过地说道，他从破旧的口袋里掏出了一件物品，"这是国王和王后在去世前要我交给你的一样东西，他们要你好好珍藏。"说完，老巫师便摇着头慢慢地离去了。

王子打开一看，便忍不住泣不成声，原来那是他小时候国王为他雕的一只黄莺。刹那间，所有的回忆都在他脑中涌现，王子把这只木鸟紧紧地抱在怀中，十分懊悔。突然，他感到怀里的木鸟动了动，叫出了声音，王子一惊，那就是幸福的青鸟，但他还没来得及将它放进黄金鸟笼，青鸟便飞向了天边。

生活中，很多人都在盲目地追求幸福，结果往往得不到幸福，反而引来无尽的痛苦。幸福的心情就像晨光中的迷雾，看似朦胧却又清晰，看似浅显却又真实，当探索发现的人少了以后，幸福在某个时间点里离我们绝尘而去，不是我们自己在逃离幸福，而我们在忽略了自身的心情与感受，忽略了我们原本可以获取幸福的感动。因此，幸福就在于把握现在，珍惜所有，要时时感悟幸福，及时抓住幸福。

在你的生命中，有过很多人、很多事，不管是现在、过去还是未来，只要你心怀感恩，用爱心浇筑，你就会拥有幸福。

感恩，就是一种幸福。

感恩生活，不要抱怨生活

有这样一个故事：

有个寺院的住持，给寺院立下了一个告别的规矩——每到年底，寺里的和尚都要面对住持说两个字。第一年年底，住持问新和尚最想说什么，新和尚说"床硬"；第二年年底，住持问新和尚最想说什么，新和尚说"食劣"；第三年年底，还没待主持开口，就听新和尚蹦出这样两个字："告辞。"望着新和尚远去的背影，主持自言自语地说道："阿弥陀佛，心中有魔，难成正果，可惜，可惜。"

住持说的"魔"，就是新和尚心里没完没了的抱怨。这个新和尚只考虑自己要什么，却从来没有想过别人给过他什么。像新和尚这样的人在现实生活中很多，他们心中缺乏感恩，这也看不惯，那也不如意，怨气冲天，牢骚满腹，总觉得别人欠他们的，社会欠他们的，从来感觉不到别人和社会对他们的生活所做的一切。他们总会说生活过的很累，因为他们只看到了自己的付出，而没有看到自己的所得，于是抱怨变成了最方便的出气方式。但抱怨除了眼前的短利以外，很多时候不但不解决问题，还会使问题恶化。如果抱怨上了瘾，不但人见人厌，自己也整天不耐烦。这样只会影响到自己的工作和生活。

常言说："过多抱怨不利发展。"在一个人追逐成功的道路上，抱怨就像一个障碍物挡在路中，让你无法顺利前进，在挫折中逐渐消磨意志，沉溺在烦恼之中，成为一名弱者，纵观古今中外，你会发现每一位成功人士都不会对环境大发牢骚、抱怨不停、烦躁不安，尽管他们遇到的是比普通人更艰难的困境，可是正因为他们积极地克服了这些难题才能取得最后的成功。所以说每一个人在生活中一定要放下抱怨，因为它对自身的生理和心理百害而无一益，是心里最沉重的负担。

美国西雅图有个很特殊的鱼市，很多顾客和游客都认为到那里买鱼是一种享受。原因就在于，那里的鱼贩们虽然整日被鱼腥包围，但他们总是面带笑容，而且他们工作时可以和马戏团演员相媲美，个个身手不凡。他们就像合作无间的棒球队员，让冰冻的鱼像棒球一样，在空中飞来飞去，并且互相唱和："啊，5条带鱼飞到明尼苏达州去了。""明尼苏达州收到，请再来一批。"

这种工作气氛还影响了附近的居民，他们经常到这儿来和鱼贩用餐，感受他们的好心情。后来甚至有不少没办法提升工作士气的企业主管专程跑到这里来取经。

有一次，一位记者专程来采访他们，记者问道："你们在这种充满鱼腥味的地方做苦工，为什么心情还这么愉快？"

一个鱼贩回答："几年前，这个鱼市场也是一个没有生气的地方，大家整天抱怨。后来大家认为，与其每天抱怨沉重的工作，还不如改变工作的品质。于是我们不再抱怨生活的本身，而是把卖鱼当成一种艺术。就这样，我们变得越来越快乐，这里成了鱼市场中的奇迹。"

"实际上，并不是生活亏待了我们，而是我们期求太高，以至忽略了生活本身。"另一位鱼贩补充道。

一个整天抱怨的人是不可能有好心情的，常常会感到不快乐，也不可能有幸福感。所以，与其整天抱怨，不如把心放宽一点，自然一点，洒脱一点。

生活本来就不是事事如意，生活本来就不会十全十美，相反，起起落落，悲欢离合才是家常便饭。这是现实，你必须承认，所以你不要抱怨。能够忍受不公平的待遇，并且以平常的心态对待，这是人生的一个境界，也是我们努力追求的方向。坦然面对生活，用微笑来迎接一切困难。如果一旦遇到波折、困难或不顺心的事，就抱怨他人，感叹自己"怀才不遇"，悔恨"明珠暗投"，对生活失去兴趣，对美好的东西失去追求。这种心理不仅会磨损人的志气，而且是一个人生活幸福的致命伤。

常常抱怨的人，其实是不热爱生活的人，或者说是不理解生活的人。生活是需要你理解的。你不理解生活，你就会常常有愤愤不平的感觉，你就会有怀才不遇的感觉，你就会牢骚满腹的感觉，你就会觉得运气不佳的感觉。

生活中总有很多不如意的地方，但抱怨是解决不了问题的。抱怨是一种有害的情绪，又是人们最容易产生的情绪。抱怨为什么有害，是因为抱怨会让人产生消极的情绪，让人戴上有色眼镜看世界，抱怨会磨灭人的斗志，磨损人的动力。倾向于抱怨的人，总是会否认人存在的主观能动性，不能通过自我改造来适应世界和不断改造环境。他们容易认为环境因素是不可以改变的。倾向于抱怨的人总是会否认外界存在的有利因素，因为抱怨自动把有利的方面都屏蔽了，抱怨会让自我陷入自怨自艾中，掉入泥潭而最终伤人伤己。

抱怨生活只是弱者失败的借口。生活本来就是不公平的，永远不要抱怨生活，因为生活根本不知道你是谁！只有我们用平凡的心去面对所给我们的不如意，心中的乌云才会慢慢散开。

有一天，拿破仑·希尔在某市文化中心举行的企业家会议上发表演讲。当他正在讲台上致辞的时候，有一名中年男子悄悄地走了过来，低声地对他说："尊敬的拿破仑·希尔先生，我有一个非常要紧而且严重的问题，想和您私下里谈一谈……"

看着中年男子一副诚恳的样子，拿破仑·希尔便答应在会议结束之后和他好好地谈一谈。很快，演讲结束了，拿破仑·希尔和中年男子在一家咖啡馆里坐了下来，问他："您想和我谈什么问题呢？"中年男子说："我准备在这个城市开创自己这一生中最大的事业，如果成功的话，将会对我产生无比重大的意义；但若不幸失败了，我将会失去所有的一切。"

听了这话，拿破仑·希尔微微地松了一口气——这位中年男子只是不够自信罢了，于是就安抚他，希望他能放松心情，当然也委婉地告诉他："你要知道，并非每件事情都能达到预期的理想结果。成功固然美好，但即使失败了，明天的风仍是继续地吹着，希望也依然存在。"

但是，中年男子跟着又说出一句让拿破仑·希尔大吃一惊的话："但是，有件令我相当苦恼的事情，我发现这个城市似乎不怎么欢迎我：寻租店面的时候，房主盛气凌人；去市政咨询的时候，工作人员爱理不理；即便是坐地铁的时候，他们也眯缝着眼睛看我，像是在看什么怪物一样……"

这下子，拿破仑·希尔终于明白了：眼前的这位中年男子，原来是一个"抱怨狂"。想了一下，他对中年男子做出了这样的回答："有一个方法可以解决你的问题：第一是埋头做自己的事情。无论你看到什么、听到什么，都不要把它们放在心上，而是一如既往地专心做各项准备工作。当然，你可能一时半刻难以做到这一点，不过没有关系，还有一个方法可以临时应急，以解决你迫在眉睫的问题。我要给你开一贴处方，若能好好地运用，想必能有效解决你的困难，并让你有一个近乎'脱胎换骨'一般的转变。"拿破仑·希尔继续郑重地向中年男子说道："就在今天晚上，当你走在这个城市的街上的时候，不妨在心里默念我将要告诉你的这句话；而且，等你回到旅馆躺在床上的时候，也要对自己重复说上几次。待到明天睡醒了，也要记得在起床的时候再把这句话说上几次。务必记住，只有用虔诚的心意来做这件事情，你才能获得足够的能力来面对这些问题。"

顿时，中年男子喜形于色，问："您说，是什么话？拿破仑·希尔缓缓地说着："热爱生活，而不仅仅是什么都不做而去抱怨它。"

很显然，在此之前，中年男子从未听过这句话，他带着激动的表情与口吻对拿破仑·希尔说："好的，拿破仑·希尔先生，我知道了。看着中年男子渐渐地远去，拿破仑·希尔会心地笑了起来。是的，尽管中年男子的身影看起来还有些悲伤的意味，但是那昂首挺胸的姿态，已经在无言地暗示着，像厚厚积雪一般的抱怨——正在慢慢地消融。

果然，三个月后，这位中年男子给拿破仑·希尔寄来了一封信："拿破仑·希尔先生，您的这帖处方确实为我缔造了奇迹，简直令人难以置信，想不到这样一句话竟能产生这么大的效果，谢谢您。"

想要进步，必须停止抱怨，不抱怨并不是不说话，不是逆来顺受，更不是一味忍受丑恶的社会现象。不抱怨的关键在于要勇敢地面对现实，处于逆境时要寻找解决问题的方式，找出成功之路，做自己的守护神。

以感恩心**做人** 以责任心**做事**

当你不再抱怨的时候，虽然现实还是那些现实，但是你的生活却开始进入了一个崭新的状态。而且，更重要的是，不抱怨的心态，对于一个人的生活有着积极的推向快乐的作用——对于不抱怨的人来说，生活中根本就不存在什么让人伤心欲绝的痛苦，因为他们即便是处在难过和灾难之中也总能及时地找到心灵的慰藉。

正如在黑暗的天空中，总能或多或少地看见一丝光亮一样，具有不抱怨心态的人，眼里总是闪烁着愉快的光芒，而且也总是显得欢快、达观、朝气蓬勃——虽说也会有心烦意乱的时候，但不同于别人的就是他能够愉快地接受这些烦恼，既没有忧伤也没有哀怨，然后从容地拾起生命道路上的花朵继续奋勇前行。可以说，具有不抱怨心态的人，无论什么时候都能够感到光明、美丽和幸福的生活就在身边。他们眼里流露出来的光芒，会使整个世界都流光溢彩，从而把寒冷变成温暖、把痛苦变成舒适。

英国作家萨克雷有这样一句名言："生活是一面镜子，你对它笑，它就对你笑；你对它哭，它也对你哭。"如果我们不再抱怨了，以感恩的心去生活，那么我们就能够时刻看到生活中光明的一面——即使是在伸手不见五指的夜晚里，也知道星星仍在闪烁，从而帮助我们有效地摆脱烦恼的侵袭，进而真正地拥有整个世界。

感谢自己，成就了最好的你

　　每个成功者今天取得的成绩，都是若干年前自己努力的结果，如果没有自己的努力，纵使有别人的帮助，也很难达到一定的高度。所以，当在你取得成就、感谢他人的帮助之时，也别忘记感谢一下自己。是你曾经的努力，使你成为现在的自己！

　　生活中，我们经常被告诫，要学会感恩。于是，当我们受到一点赞扬或是取得一点成绩时，总是在不断地或有意、或无意，或真心、或违心地感谢师长，感谢上司，感谢同仁，感谢亲朋……的确，太多的人给予我们帮助，我们要感谢的人自然很多。感谢他人似乎已经成为了一种习惯，但我们却从来不曾想过感谢自己。

　　为什么不感激自己呢？路是自己走出来的，别人扶得再牢，你自己不迈开脚步，能走多远呢？感激自己，是不断地发掘自己身上的热能，不断地开拓自身原本潜在的自动力，而这些都是我们再次步向辉煌的要素。感激自己，才能让我们在感激中产生一种回报自己的强烈愿望。这种愿望，可以让我们不断地为自己加油呐喊、鼓掌喝彩，不断地为自身注入驱除神情沮丧、士气低落的兴奋剂。

2004年8月27日，刘翔在雅典奥运会男子110米栏决赛中，以12秒91的成绩获得了冠军，平了由英国选手科林·杰克逊1993年创造的世界纪录，打破12秒95的奥运会纪录。这枚金牌是中国男选手在奥运会上夺得的第一枚田径金牌。之后，刘翔又在2005年取得了一系列比赛的冠军。2006年，刘翔一举夺得中国体育十佳李强冠军奖最佳人气运动员奖和最佳男运动员奖两项大奖，他奖后感慨地说："能拿到这样的奖我最感谢自己，2005年能有这么好的表现是自己的努力所至，我希望在2006年能更加努力。"

可见，感谢自己，是对自己能力的一种肯定，也是对自己的一种激励。感谢自己，感谢自己的努力。一份耕耘，一份收获，走过了辛勤播种的春天，终于迎来了这个收获的季节。要不是自己曾经的努力，哪来今天的硕果累累？

感谢自己，不是自以为是，而是自信的表现，是自己给自己的鼓励，不断地发掘自身潜能的原动力。一个人有了自信就会自强不息，就会知难而上。在生活中，只有自信，才能使自己的生命的舞台上展示自己。

有一位农夫拉着一车沉重的稻草来到陡坡前，他望着前方不禁停下了脚步，他认为单凭自己的力量是上不去，必须有人帮助才行。恰巧，有一个过路人笑着对农夫说："别急，我来帮你！"说着便卷起袖子，拉开一副推车的架势。农夫觉得自己有了底气，便在前面使劲拉车，过路人一边在后边推，一边大声喊："加把劲儿，加把劲儿！"经过一番努力，农夫终于把车拉上了大坡。

他充满感激地说："谢谢你啊，好心人！"那位过路人却不好意思地说："不用谢我，还是谢谢你自己吧。我的手患有小儿麻痹，没有力气，只是在旁边为你喊加油而已。你完全是靠自己的力量把车拉上来的！"

感谢他人已成常态思维，我们因此而忽视了另一个重要理念：人也得感谢自己！感谢自己，才能真实的感受世界与生活，当你困难时，面对别人伸出的手时，如果你无动于衷，或许那双手也是多余的，因为这一切取决于你自己。当你伸出自己的手时，此时你应该感谢你自己，因为面对别人那双真诚的手，你也同样伸出了你的手。

人生不会一帆风顺，不管你身处事业的顶峰，还是遭遇挫折之时，你记得感谢自己，这样你会发现，你的自尊自爱感正大大增加，你会为自己的努力感到欣慰，会用旺盛的斗志扫除悲观。

感谢自己，是对自己勇于承担命运重荷的慰藉，更多是为了明白自我的责任所在。人生可以从感谢自己中获得更多的自知之明，更清醒的头脑，更努力前行的动力。

生命历程，风雨人生，太多的苦难与挫折随时相伴，而所有这些真实的存在时，所针对的人就是自己，如何对待与处理只能依靠自己。当然我们生活于这个世界，也注定有着太多的个体存在于自己的生活，但我们也明白于这个世界里，或许有时自己才是主角，而其他的一切都是配角。

有一个年轻人，他对自己的写作才能充满自信，并为自己的作品深感自豪。但是，除了他本人以外，他的那些作品从来没有其他人看得上眼。这个年轻人曾多次向国内一些出版社的编辑提交过书稿，但最终没被采纳。尽管有多次被退稿的痛苦经历，他从未对自己的写作才能失去信心，他决心今后成为一名职业的作家。于是，他开始为自己的前途奋斗，投入了巨大的精力和时间，以一丝不苟的态度完成了许多书稿的创作。工夫不负有心人。终于有一家出版社的编辑愿意为他出书，他十分激动，随即给编辑写了一封言词恳切的感谢信。

很快就收到编辑的回信，他说："你不要感谢我，我的工作就是为他人作嫁衣。你要感谢的人，应该是你自己，因为作品是你自己创作的。"那位编辑的话，给这位年轻人以后的创作起了极大的鼓励作用，也给他来了很大的人生启迪。后来，这个年轻人成为了一名职业作家。

一个人其实最应该感谢的就是自己，如果没有自己在主观上的努力，无论客观上怎么去帮助你，都是没有用处的，所以是你自己不断去努力，然后再来自外界的推动作用，你才走向成功的，所以最先感谢的还是你自己。

生活之中总有太多的事需要我们去感谢，但真正应该感谢的是自己。感谢自己是自己给自己喝彩，感谢自己是为了给自己鼓劲。感激自己，才能让我们在感激中产生一种回报自己的强烈愿望。

我们每个人都应该是自己最好的朋友和最忠实的支持者。我们为自己付出了很多，有太多值得自我感谢的方面，诸如：因为我自信，因为我努力，因为我负责，因为我诚实，因为我公正，因为我敬老，因为我宽容等等。当然，这感谢只应是众多感谢、感恩中的一个方面。自我感谢不能过了头，更不能只此一点，不及其余。当然，我们在感谢自己的同时，还应该不断地总结，立足于现在，让明天的自己感谢今天的自己。

感恩自己，是自己对自己、对心灵衷心地道一声感谢、说一句"您辛苦了"；感恩自己，是自己对自己的一次虔诚的祝福、一次真挚的问候；感恩自己，是自己对自己的一次心灵和灵魂的升华、净化；感恩自己，是自己对自己的一次零距离、零空间的对话，一次自我反省、自我检阅的接触；懂得感恩自己的人，日后更懂得感恩他人！

在生活中，虽然我们要感谢很多人，但千万别忘了：感谢自己。

下篇：
责任心做事

第一章 自我问责：
工作意味着责任，将责任心放在首位

勇敢地承担你的责任

责任是一个人生存的意义和价值所在，任何人都没有理由推卸。对责任的推卸，只能是对我们所爱的人的一种伤害。坚守责任，则是守住生命最高的价值，守住人性的伟大和光辉。

在生活中，我们要面对许多事情，这些事情不是与你的父母、爱人、儿女、朋友有关，就是与社会、公司、工作有关。在这些事情里面，蕴含着你无法推脱的责任。如果每一件事情你都敷衍了事，缺乏责任感，那就很难想象你的人生会是一个什么样子，还会有什么意义和价值？

以感恩心**做人** 以责任心**做事**

　　1968年墨西哥奥运会比赛中，最后跑完马拉松赛跑的一位选手，是来自非洲坦桑尼亚的约翰·亚卡威。他在赛跑中不慎跌倒了，拖着摔伤且流血的腿，一拐一拐地跑着。所有选手都跑完全程后很久了，直到当晚7：30，约翰才最后一个人跑到终点。这时看台上只剩下不到1000名观众，当他跑完全程的时候，全体观众起立为他鼓掌欢呼。之后有人问他："为何你不放弃比赛呢？"他回答道："国家派我由非洲绕行了3000多公里来此参加比赛，不是仅为起跑而已——乃是要完成整个赛程！"

　　是的，他肩负着国家赋予的责任来参加比赛，虽然拿不到冠军，但是强烈的使命感使他不允许自己当逃兵。

　　社会学家戴维斯说："放弃了自己对社会的责任，就意味着放弃了自身在这个社会中更好生存的机会。"放弃承担责任，或者蔑视自身的责任，这就等于在可以自由通行的路上自设路障，摔跤绊倒的也只能是自己。

　　爱默生说："责任具有至高无上的价值，它是一种伟大的品格，在所有价值中它处于最高的位置。"科尔顿说："人生中只有一种追求，一种至高无上的追求——就是对责任的追求。"

　　无论你所从事的是什么样的职业，只要你能认真地、勇敢地担负起责任，你所做的就是有价值的，你就会获得别人的尊重和敬意。有的责任担当起来很难，有的却很容易，无论难还是易，不在于工作的类别，而在于做事的人。只要你想、你愿意，你就会做得很好。

　　一位曾多次受到公司嘉奖的员工说："我因为责任感而多次

受到公司的表扬和奖励，其实我觉得自己真的没做什么，我很感谢公司对我的鼓励，其实担当责任或者愿意负责并不是一件困难的事。如果你把它当作一种生活态度的话，你就更加不会轻易地推卸责任。"

其实，在很多成长教育中，就有关于承担责任而不推卸责任的训练。注意生活中的细节就有助于责任的养成。大家都说习惯成自然，如果责任也成为一种习惯时，也就慢慢成了一个人的生活态度，你就会自然而然地去做它，而不是刻意去做的。当一个人自然而然地做一件事情时，当然不会觉得麻烦，自然也就不会想着如何去推卸它。当你意识到责任在召唤的时候，你就会随时为责任而放弃别的什么东西，而且你不会觉得这样放弃对你来讲很不容易。

有一个民间登山队，他们要对世界第一峰——珠穆朗玛峰发起进攻。虽然人类攀登珠峰已经不止一次了，但这是他们第一次攀登世界最高峰。队员们既激动又信心十足，他们有决心征服珠穆朗玛峰。

经过考察后，他们选择自己状态很好、天气也很好的一天出发了。攀登一直很顺利，队员们彼此互相照应，没有出现什么问题，高原缺氧的情况也基本能够适应，在预定时间，他们到达了1号营地。大家都很高兴，因为有了一个良好的开始，就等于成功了一半。

第二天，天气突然发生了变化，风很大，还下着雪。登山队长征求大家的意见，要不要回去，因为要确保大家的生命安全。生命只有一次，登山却还有机会。但是大家都建议继续攀登，登山本来就是对生命极限的一种挑战。

于是，登山队继续向上攀登。尽管环境很恶劣，但是队员们征服自然、征服珠穆朗玛峰的信心却十足，大家小心翼翼地向上攀登。"队长，你看！"一个队员大喊，大家循声望去，在离他们很远的地方发生了雪崩。虽然很远，但雪崩的巨大冲击力波及到了登山队，一名队员突然滑向另一边的山崖，还好，在快落下山崖的那一刻，他的冰锥紧紧地插进了雪层里，他没有滑落下去。但他随时有可能被雪崩的冲击力推下去。

形势严峻，如果其他队员来营救山崖边的队员，有可能雪崩的冲击力会将别的队员冲下山崖。如果不救，这名队员将在生死边缘徘徊。

队长说："还是我来吧，我有经验，你们帮我。大家把冰锥都死死地插进雪层里，然后用绳子绑住我。""这很危险，队长。"队员们说。

"已经没有犹豫的时间了，快！"队长下了死命令。大家迅速动起手来，队长系着绳子滑向悬崖边，他死命地拉住了抱住冰锥的队员，其他队员使劲把他俩往上拉。就在下一轮雪崩冲击到来之前，队长救出了这名队员。

全队沸腾了，经过了生死的考验，大家变得更坚强了。

最终，登山队征服了珠峰。站在山峰上，他们把队旗插在山峰的那一刻，也把他们的荣誉和责任留在了世界上最纯净的地方。

后来，队长说："当时我也非常恐惧，随时可能尸骨无还，但我知道，我有责任去救他，我必须这么做。责任的力量太大了，它战胜了死亡和恐惧。真的。"

责任到来时，你不能推卸，因为它能让你战胜胆怯，让你所做的事情更富价值和意义。而且，一个人的责任感可以让别人也懂得什么是责任。一个人承担起责任，并时时保持一种高度的责任感，会让其他的人受到感染，树立起自己的责任感。虽然承担责任不是做给别人看的，但是一旦你做到了这一点，就会影响到其他的人。别人可能没有你做的好，但只要做了，就能看出他已经意识到自己的责任了。这是责任的力量。

在一个公司中，并不是所有的人都能对自己的工作有强烈的责任感。但是如果他周围的同事，整个公司的环境都是一种充满责任的氛围，那么这样的人也会被别人的精神所感染，进而能够承担起自己的责任。因为，他发现，承担责任并不是件很困难和痛苦的事情，相反担当起责任会给他一种骄傲的感觉，因为他在这个企业中同样是重要的、不可或缺的。与其推卸和逃避责任，不如勇敢地承担起来，说不定你的勇敢会成为你成功的契机。

不推卸和逃避责任，需要你去清楚地明白，在自己的企业中和工作岗位上，都有哪些责任。不清楚自己有哪些责任，承担责任就无从谈起。对于一个公司来讲，不管是领导者，还是普遍员工，都有一些共同的基本责任。如果知道这些基本责任，那么延伸出去，你就可以知道自己工作中的其他责任。

有些事，不必老板交代

在企业有很多这样的人，经常闲着无事可干，走过去一问原因，就说："老板安排的事情做完了啊！"这样的人每个公司都大有人在，他们认为，只要做完老板安排的工作任务就是做到最好了。

这种老板安排一件事就只做一件的人，迟早会失去工作，因为，老板根本没有那么多时间来安排他的工作。如果你想成为最优秀的员工，那么，就要做到不等老板来检查，你就做好了你的工作，而且还要懂得主动去做更多的事情。

张明是一位有学识、有能力的部门主管，但却在公司的一次人事变动中被撤职了，这让大家都大觉意外，百思不得其解。在一次偶然的聚会中，有人遇见其直属领导，问起此事，领导说："他在工作中缺乏'主动'，好几次都见到他坐在办公室内无事可做，在和别人闲聊，问之，他答说：'工作做完了'。工作能做得完吗？做完的工作是我直接告诉他要怎样做的工作，而不是真的完成了他的本职工作。"

仔细品味，这位领导说的话不无道理。工作是永远做不完的，一个优秀的员工应该是一个积极主动的工作的人。在同业竞争激烈的今天，你不能只满足于把自己应该做的和老板交办的工作做好了，而要在这之外，多发现和思考一些问题。主动去做老板没有交代的事情，并把这些事做好，你就能提升自己在老板心目中的位置，就会被调升到更高的职位，获得更大的成功。

卡耐基曾经说过："有两种人永远将一事无成，一种是除非别人要他去做，否则，绝不主动去做事的人；另一种则是即使别人要他去做，也做不好事的人。那些不需要别人催促就会主动去做应该做的事、而且不会半途而废的人必将成功。"

有成功潜质的人，总是自动自发地为自己争取最大的进步。只有积极主动地做事情，才会让雇主惊喜地发现你实际做的比你原来承诺的更多，而你更有机会获得加薪和升职。

这样工作态度将会使你与众不同，你的上司和客户会愿意加倍信赖你，从而给你更多发展的机会。

一位成功学家曾聘用一名年轻女孩当助手，替他拆阅、分类信件，薪水与相关工作的人相同。有一天，这位成功学家口述了一句格言，要求她用打字机记录下来："请记住：你唯一的限制就是你自己脑海中所设立的那个限制。"

这个女孩将打好的格言交给老板，并且有所感悟地说："你的格言令我深受启发，对我的人生大有价值。"

这件事并未引起成功学家的注意，但是，却在女孩心中打下了深深的烙印。从那天起，女孩开始在晚饭后回到办公室继续工作，不计报酬地干一些并非自己分内的工作——譬如替老板给读者回信。

这个女孩认真研究成功学家的语言风格，以至于这些回信和自己老板写的一样好，有时甚至更好。她一直坚持这样做，并不在意老板是否注意到自己的努力。

终于有一天，成功学家的秘书因故辞职，在挑选合适人选时，老板自然而然地想到了这个女孩。

做事不必老板交代，自愿去做，自己就会形成一个鞭策机制，鞭策自己快速前进。做事不用老板交代是一种极为珍贵的素养，它能使人变得更加主动，更加积极，更加敬业。

比尔·盖茨说过："一个好员工，应该是一个积极主动去做事，积极主动去提高自身技能的人。这样的人，不必依靠强制手段去激发他的主观能动性。"身为公司的一员，你不应该只是局限于完成领导交给自己的任务，而要站在公司的立场上，在领导没有交代的时候，积极寻找自己应该做的事情，主动地完成额外的任务，出色地为公司创造更多的财富，同时也扩大了自己发展的空间。

在一家羊绒销售公司，老板吩咐三个员工去做同一件事：去供货商那里调查一下羊绒的数量、价格和品质。

第一个员工5分钟后就回来了，他并没有亲自去调查，而是向下属打听了一下供货商的情况就回来汇报。30分钟后，第二个员工回来汇报。他亲自到供货商那里了解羊绒的数量、价格和品质。第三个员工90分钟后才回来汇报，原来他不但亲自到供货商那里了解了羊绒的数量、价格和品质，而且根据公司的采购需求，将供货商那里最有价值的商品做了详细记录，并且和供货商的销售经理取得了联系。

在返回途中，他还去了另外两家供货商那里了解羊绒的商业信息，将三家供货商的情况做了详细的比较，制订出了最佳购买方案。

在这个事例中，第一个员工很显然只是在敷衍了事，草率应付；第二个充其量也只能算是被动听命，完成任务；而第三个员工比另外两个人做的更好。简单地想一想，如果你是老板你会雇用哪一个？你会赏识哪一个？如果要加薪、提职，作为老板你愿意把机会留给谁？相信答案已在你心中。

成功的机会总是在寻找那些能够主动做事的人，可是很多人根本就没有意识到这点，因为，他们早已习惯了等待。只有当你主动、真诚地提供真正有用的服务时，成功才会随之而来。每一个雇主也都在寻找能够主动做事的人，并以他们的表现来奖励他们。

在现代的企业里，很多员工常常要等老板交代过做什么事，怎么做之后，才开始工作。殊不知，这种只是"听命行事"或"等待老板吩咐"去做事的人，已不再符合新经济时代"最优秀员工"的标准。时下，企业需要的、老板要找的是那种不必老板交代就积极主动做事的员工。

在任何时候都不要消极等待，企业不需要"守株待兔"之人。在竞争异常激烈的年代，被动就要挨打，主动才可以占据优势地位。所以要行动起来，随时随地把握机会，并展现超乎他人要求的工作表现，还要拥有"为了完成任务，必要时不惜打破常规"的智慧和判断力，这样才能赢得老板的信任，并在工作中创造出更为广阔的发展空间。

在新经济时代，昔日那种"听命行事"不再是"最优秀的员工"模式，时下老板欣赏的，是那种不必老板交代，积极主动去做事的人。那些不论老板是否安排任务、自己主动促成业务的员工，那些交给任务、遇到问题后不会提出任何愚笨的、啰嗦问题的员工，那些主动请缨、排除万难、为公司创造巨大业绩的员工，就是时下老板 要找的人。他们与那些充满懒懒散散、漠不关心、马马虎虎的工作态度，除非苦口婆心、威逼利诱才能把事情办成的被动者相比，确实有天壤之别。

现代市场经济，千万不要认为只要准时上班、按点下班、不迟到、不早退就是完成工作了，就可以心安理得地去领工资了。其实，工作首先是一个态度问题，工作需要热情和行动，工作需要努力和勤奋，工作需要一种积极主动、自动自发的精神。自动自发工作的员工，将获得工作所给予的更多的奖赏。

责任比能力更重要

责任心是干好工作的前提，比尔·盖茨曾对他的员工说："人可以不伟大，但不可以没有责任心。"一个人只有具有高度的责任感，才能在工作中勇于负责，在每一个环节中力求完美，按质、按量地完成计划或任务。企业由我们每一个人组成，企业里的每一个人都担负着企业生死存亡、兴衰成败的责任，因此无论职位高低都必须具有很强的责任心。

在一堂企业人力资源培训课上，讲师问了学员们这样一个问题：

一个单位有四种人，如果是你，你觉得哪一种人对单位的危害最大？你觉得单位首先会开除哪一种人？

第一种：有能力，并努力做事的；

第二种：有能力，却不好好做事的；

第三种：无能力，会认真做事的；

第四种：无能力，也不好好做事的；

学员们听完这道题后，先是有一些触动和感慨，接着便是相互地窃窃私语。这时，讲师缓缓道来，我们可以肯定的是：第一种人，永远是受到欢迎的，第三种人，单位也会用它。唯一受到争论的就是第二种人和第四种人的选择。一个单位首先肯定会开除第二种人。原因是第四种人虽然不受欢迎，单位不喜欢那样的员工，但是他们不会不做，不至于会兴风作浪，危害单位。而第二种人很聪明，能做好却不做，比不会做而不做的人更加可恶，因为他们缺少责任心。工作中，他们对单位的危害远远大于第四种人。这道题正说明了责任大于能力这句话。

一个人的工作做的好坏，最关键的一点就在于有没有责任感，是否认真履行了自己的责任。如果一个人没有责任感，即使他有再大的能力也是空谈；而当一个人有了责任感，他就有了激情、有了忠诚、有了奉献、有了执行力……他的生命就会闪光，他就能在工作中激发自己最大的潜能。

在实际工作中，关系到你成败的往往不是能力，而是你对于工作的态度，也就是所强调的责任感。

王先生是一位忠于职守的老技术工人。后来工厂因为发展的需要，从国外引进了几台工业用的大车，厂长便指派王先生负责技术维护。

可是还不到半年，这几台车突然出现故障，无论如何也发动不了，于是王先生就带领技术组到车上查找故障原因，同时迅速联系了生产该车的外国技术专家。

外国专家了解了有关情况，得出的结论是：故障是因为工厂工人操作不当所引起的，他们不负责维修。

王先生却坚持认为，工人完全是按照说明书进行规范操作的，没有不当之处，于是，他向外国专家提出了自己的看法，但是几个外国专家根本就不采纳王先生的意见。

工厂的领导左右为难：如果承认是工人操作不当引起的故障，那么厂家就不需要负责保障，几台车的维修费用要自己负责，算下来怎么也得两百多万元。可是如果不承认，由于自己的技术人员不精通这方面的技术，根本提不出有力的证据。

就在领导万般无奈决定承担这笔巨大的损失时，王先生却坚决不同意。他继续带领几个技术工人，在车上一待就是几天，不知疲倦地用各种检测工具从头开始，一点一点地检测各种数据。

终于，在第四天早上，王先生在一组数据中发现了问题所在，这组数据完全可以证明，这几台车在生产设计时就存在着严重的缺陷。

当李先生把这组数据放到外国专家面前时，刚才还趾高气扬的外国专家顿时哑口无言。最后，他们只得承认是自己设计时的疏忽才导致了几台车的故障，因此决定维修费用由生产厂家全部承担。

王先生的高度负责、恪尽职守使工厂避免了巨大的损失，领导也从此对他另眼相看，并提升他为工厂的技术总监。

责任心是事业成功的制胜法宝，是一个人事业成功的基石。一个有强烈责任心的人必然热爱自己从事的职业，并且为了自己的奋斗目标而努力不懈，直到最后获取成功。每个人都应该努力提高自己的责任心，让自己的事业取得辉煌成就。

其实，人生的意义就在于承担一定的责任，清醒地意识到自己的责任，并勇敢地扛起它，无论对于自己还是对于社会都将是问心无愧的。著名作家穆尼尔·纳素曾说过："责任心就是关心别人，关心整个社会。有了责任心，生活就有了真正的含义和灵魂。这就是考验，是对文明的至诚。它表现在对整体，对个人的关怀。这就是爱，就是主动。"人可以不伟大，人也可以清贫，但我们不可以没有责任。任何时候，我们都不能放弃肩上的责任，扛着它，就是扛着自己生命的信念。

一家公司的人力资源部主管正在对应聘者进行面试。除了专业知识方面的问题之外，还有一道在很多应聘者看来似乎是小孩子都能回答的问题。不过正是这个问题将很多人拒之于公司的大门之外。题目是这样的：

在你面前有两种选择，第一种选择是，担两担水上山给山上的树浇水，你有这个能力完成，但会很费劲。还有一种选择是，担一担水上山，你会轻松自如，而且你还会有时间回家睡一觉。你会选择哪一个？

很多人都选择了第二种。

当人力资源部主管问道："担一担水上山，没有想到这会让你的树苗很缺水吗？"遗憾的是，很多人都没想到这个问题。

一个小伙子却选了第一种做法，当人力资源部主管问他为什么时，他说："担两担水虽然很辛苦，但这是我能做到的，既然能做到的事为什么不去做呢？何况，让树苗多喝一些水，它们就会长得很好。为什么不这么做呢？"

最后，这个小伙子被留了下来。而其他的人，都没有通过这次面试。

该公司的人力资源部主管是这样解释的，"一个人有能力或者通过一些努力就有能力承担两份责任，但他却不愿意这么做，而只选择承担一份责任，因为这样可以不必努力，而且很轻松。这样的人，我们可以认为他是一个责任感较差的人。"

当你能够尽自己的努力承担两份责任时，你所得到的收获可能就是绿树成林，相反，你看起来也在做事，可是由于没有尽心尽力，你所获得的可能就是满目荒芜。这就是责任感不同的差距。

责任可以改变对待工作的态度，而对待工作的态度，决定你的工作成绩。在工作中，我们要清醒、明确地认识到自己的职责，履行好自己的职责，发挥自己的能力，克服困难完成工作。

世上没有做不好的工作，只有不负责任的人。任何一个老板都会非常注重员工的责任感。有较强责任感的员工不仅能够得到老板的信任，也为自己的事业在通往成功的道路上奠定了坚实的基础。

不再说"这不是我的责任"

美国新任总统奥巴马就职演讲呼吁：这是个要负责的新时代，这个时代不是逃避责任，而是要拥抱责任！责任是每个人都应该认真面对的一件事情。但在工作的过程中，许多人都不愿意承担责任。一碰到棘手问题，便谋划对策，考虑逃避责任的方法，以此来回避责任；当事情办砸了，便以不知道为借口来推卸责任，这样做只会为自己的事业发展埋下"祸根"。

有一个牙科医生，第一次给病人拔牙，非常紧张。他刚把牙齿拔下来，不料手一抖没有夹住，牙齿掉进了病人的喉咙。

"非常抱歉,"医生说,"你的病已不在我的职责范围之内了,你应该去找喉科医生。"

当这个病人找到喉科医生时,他的牙齿掉得更深了。喉科医生给病人做了检查。

"非常抱歉,"医生说,"你的病已不在我的职责范围之内了,你应该去找胃病专家。"

胃病专家用X光为病人检查后说:"非常抱歉,牙齿已掉到你的肠子里了,你应该去找肠病专家。"

肠病专家同样做了X光检查后说:"非常抱歉,牙齿不在肠子里,它肯定掉到更深的地方了,你应该去找肛门科专家。"

最后,病人趴在检查台上,摆出一个屁股朝天的姿势,医生用内窥镜检查了一番,然后吃惊地叫道:

"天哪!你这里长了颗牙齿,应该去找牙科医生。"

这个故事听起来让人哭笑不得,但也告诉我们一个道理:工作就意味着责任,每一个职位所规定的工作任务就是一份责任,你从事这项工作就应该担负起这份责任。如果硬把自己本该承担的责任推给别人,结果只会让自己肩上的压力越来越大。

推卸责任最常用的手段就是寻找各种借口。在责任和借口之间,选择责任还是选择借口,体现了一个人的工作态度,有了问题特别是难以解决的问题,可能让你懊恼万分。这时候,有一个基本原则可用,那就是永远不要推卸责任。

美国前总统亚伯拉罕·林肯曾说:"逃避责任,难辞其咎。"与其追究是谁犯的错，不如研究如何解决问题。假如我们都主动承担一些责任的话，工作就会顺利得多。

工作和责任是密不可分的。在这个世界上，没有不需要承担责任的工作。工作就意味着责任，丢掉责任，也就意味着丢掉了工作。

小张和小王在同一家瓷器公司做员工，她们俩工作一直都很出色，上司也对这两名员工很满意，可是一件事却改变了两个人命运。

一次，小张和小王一同把一件很贵重的瓷器送到客户的商店。没想到送货车开到半路却坏了。因为公司有规定：如果货物不在规定时间送到，要被扣掉一部分奖金：于是，小张二话不说，抱起瓷器一路小跑，终于在规定的时间赶到了地点。这时，心存小算盘的小王想，如果客户看到我抱着瓷器，把这件事告诉老板，说不定会给我加薪呢。于是，小王抢着从小张怀里抱过瓷器，却一下没接住，瓷器一下子掉在了地上，"哗啦"一声碎了。两个人都知道瓷器打碎了意味着什么，一下子都呆住了。果然，两人回去后，遭到老板十分严厉的批评。

随后，小王偷偷对老板说："老板，这件事不是我的错，是小张不小心弄坏了。"

老板把小张叫到了办公室。小张把事情的经过告诉了老板。最后说："这件事是我们的失职，我愿意承担责任。小王年龄小，家境不太好，我愿意承担全部责任。我一定会弥补我们所造成的损失。"

两人一起等待着处理的结果。一天，老板把他们叫到了办公室，当场任命小张担任公司的客户部经理，并且对小王说："从明天开始，你就不用来上班了。"

老板最后说："其实，那个客户已经看见了你们俩在递接瓷器时的动作，他跟我说了事实。还有，我看见了问题出现后你们两个人的反应。"

小王推卸责任落得个失业的下场，而小张只是多了点责任心，就轻易地获得了升迁的机会。机会就是喜欢更有责任心的人，老板就是喜欢责任感强的员工。因此，千万不要利用各种方法来推卸自己的过错，从而忘却自己应承担的责任。

每一个职位所规定的工作任务就是一份责任，从事这项工作就应该担负起这份责任。美国著名的管理学家玛丽·弗洛特曾说："责任是人类能力的伟大开发者。"勇于负责，才有负更大责任的机会，才会有实现自我价值的机会。

格里·富斯特讲了一个简单的故事，从这个故事中，也许会让你对为工作负责有一个更深层次的感悟。

作为一个公众演说家，富斯特发现自己成功的最重要一点是让顾客及时见到他本人和他的材料。事实上，这件事情如此重要，以至于富斯特管理公司有一个人的专员工作就是让他本人和他的材料及时到达顾客那里。

"最近，我安排了一次去多伦多的演讲。飞机在芝加哥停下来之后，我往公司办公室打电话以确定一切都已安排妥当。我走到电话机旁，一种似曾经历的感觉浮现在脑海中：

8年前，同样是去多伦多参加一个由我担任主讲人的会议，同样是在芝加哥，我给办公室里那个负责材料的琳达打电话，问演讲的材料是否已经送到多伦多，她回答说：'别着急，我在6天前已经把东西送出去了。''他们收到了吗？'我问。'我是让联邦快递送的，他们保证两天后到达。'"

从这段话中可以看出，琳达觉得自己是负责任的。她获得了正确的信息（地址、日期、联系人、材料的数量和类型），她也许还选择了适当的货柜，亲自包装了盒子以保护材料，并及早提交给联邦快递，为意外情况留下了时间。但是，正如这段对话所显示的，她没有负责到底，直到有确定的结果。

富斯特继续讲他的故事：

"那是8年前的事情了。随着8年前的记忆重新浮现，我的心里有些忐忑不安，担心这次再出意外，我接通了助手艾米的电话，说：'我的材料到了吗？'"

"'到了，艾丽西亚3天前就拿到了。'她说，'但我给她打电话时，她告诉我听众有可能会比原来预计的多400人。不过别着急，多出来的也准备好了。事实上，她对具体会多出多少也没有清楚的预计，因为允许有些人临时到场再登记入场，这样我怕400份不够，为保险起见寄了600份。还有，她问我你是否需要在演讲开始前让听众手上有资料。我告诉她你通常是这样的，但这次是一个新的演讲，所以我也不能确定。这样，她决定在演讲前提前发资料，除非你明确告诉她不这样做。我有她的电话，如果你还有别的要求，今天晚上可以找到她。'"

艾米的一番话，让富斯特彻底放下心来。

艾米真正做到了对工作认真负责任，她知道结果是最关键的，在结果没出来之前，她是不会休息的——这是她的职责！

一个人无论多么优秀，他的能力都是通过尽职尽责的工作来完美展现的，对于个人而言，责任是一个人有所成就的不竭动力；一个对工作负责任的人，才是对自己真正负责任的人。

责任就是对自己所负使命的忠诚和信守，就是对自己工作出色的完成，就是忘我的坚守，就是人性的升华，就是一种使命。在工作中表现优秀的人往往都是那些有着强烈责任感的人，在市场中生存比较好的企业也往往是那些有责任感的企业。责任会成就一个人或一个组织的成功，丢掉了责任同样也就丢掉了成功的机会。因而，每个人对待工作，都不能将责任抛到脑后，因为责任是你走向成功、杰出乃至卓越的起点。

不管你在什么地方上班，也不管你在做什么样的工作，都不妨问问自己："我是一个有责任感的人吗？"然后看看自己正在做的工作和已做完的工作，想想自己在执行工作时是否总是在找借口？能不能自动自发、出色地完成工作？是否为了集体的利益而甘于牺牲自己的利益？在面对错误时，是否敢于担当起自己的责任？

以主人翁心态对待公司

前英特尔总裁安迪·葛洛夫曾说："不管你在哪里工作，都别把自己当成员工，而应该把公司看作是自己开的。自己的事业生涯，只有你自己可以掌握。不管什么时候，你和老板的合作，最终受益者也是你自己。"只有以主人翁的心态对待公司，把公司看成是自己的，这样你才会竭尽所能、主动、高效、热情地完成自己的任务，用心去打造属于自己的角色。

小王是一家公司宣传部的助理。刚进公司一个多月，大概了解公司宣传方面的工作。

一天，经理让她去做一个市场调查，看看公司新上市的化妆品卖得怎么样，消费者是如何评价的。小王来到本市最大的一家商场，在化妆品专柜，她看到自己公司的新产品，几乎无人问津看到这些，小王心里很不舒服。看到顾客来到公司的专柜前、小王主动与客户搭讪，了解到顾客需要，小王凭着一个多月来对这种产品的了解，向顾客详细介绍了产品的功效。她的"激情演说"吸引了越来越多的顾客，大家都对这个新上市的化妆品充满兴趣。这天的销售额是该产品上市以来最高的。

以感恩心**做人** 以责任心**做事**

　　总经理问小王为什么会"勇敢"地走过去，向顾客推销新产品时，小王说："看到咱们的产品几乎没有人过去问，我很着急，我是公司的员工，就是公司的主人，公司的事情义不容辞。"

　　不久之后，小王就晋升为另一个区域的宣传经理了。

　　由此可见，当你把自己看作公司的主人，认为这是在给自己干，你就会对工作充满激情，工作起来浑身是劲，没有克服不了的困难和障碍。这种积极的心态，会激发你无限的潜能，使你的聪明才智发挥到极致。可想而知，结果肯定会是好的。

　　把公司当作自己的公司，不只是一种想法、一种观念，更是一种行动。要在任何时刻都要表现出你对公司的热爱，如果你讨厌你的公司，或者仅仅把公司当成你谋生的场所，你还是尽快辞职吧，因为这么做不仅是对你的老板的一种伤害，更是对你自己心灵的一种伤害。其实，除了家庭，我们每天在公司工作的时间是最多的，我们应该像热爱家庭一样热爱公司。

　　玛丽是纽约一家公司的普通职员，因为学历不高，公司给她分配的任务就是每天接听电话，记录客户反映的情况，但是她却做得更多。每天，她总是提前半个小时就到达办公室，当其他同事来上班的时候，她已经把办公室打扫得干干净净，办公桌也被她擦洗过了，整个办公室因为有了她而变得更加清洁和美观。在工作上，她总是尽自己最大的能力多做一些，在她的眼里，完成自己的任务还远远不够，她总是想方设法多为公司做一些事情，她这样说："我爱我的公司，它已经成为我生命的一部分。"

每个公司的职员都应该向玛丽学习，也许你比她更有能力，也许你比她更有学识。但是，如果你没有玛丽这种热爱公司的精神，你是难以在公司里取得卓越的成绩的。

作为企业的一员，把自己当成企业的主人是做好一切工作的前提。因为只有把自己当成企业的主人，才能够主动维护企业利益，才能够顾全大局，正确处理个人与企业利益的关系。

有一条永远值得人们铭记的道理：把自己看做公司的主人，你就会走向成功。只要你是公司的一员，就应当以公司为家，和公司荣辱与共。投入自己的忠诚和责任，尽职尽责，处处为公司着想，理解公司面临的压力，以公司主人的态度去应对一切。

第二章 拒绝借口：
没有做不好的工作，只有不负责任的人

责任面前，没有任何借口

无论做什么事情，都要记住自己的责任，无论在什么工作岗位，都要对自己的工作负责，工作就是不找任何借口地去执行。

借口是一种不好的习惯，一旦养成了找借口的习惯，你的工作就会拖沓、没有效率。即便如此，人们还是常常喜欢为自己的失败寻找借口，不是抱怨职位、待遇、工作环境，就是抱怨同事、上司或老板，而很少能够清醒地问问自己："我努力工作了吗？我真的对工作负责了吗？"寻找借口唯一的好处，就是把属于自己的过失掩饰掉，把应该自己承担的责任转嫁给社会或他人。

麦克是公司里的一位老员工了，以前专门负责跑业务，深得上司的器重。只是有一次，他手里的一笔业务让别人捷足先登抢走了，造成了一定的损失。事后，他很合情合理地解释了失去这笔业务的原因。那是因为他的腿伤发作，比竞争对手迟到半个钟头。以后，每当公司要他出去联系有点棘手的业务时，他总是以他的脚不行，不能胜任这项工作作为借口而推诿。

麦克的一只脚有点轻微的跛，那是一次出差途中出了车祸引起的，留下了一点后遗症，根本不影响他的形象，也不影响他的工作。如果不仔细看，是看不出来的。

第一次，上司比较理解他，原谅了他。麦克好不得意，他知道这是一宗费力不讨好比较难办的业务，他庆幸自己的明智，如果没办好，那多丢面子啊。

但如果有比较好揽的业务时，他又跑到上司面前，说脚不行，要求在业务方面有所照顾。如此种种，他大部分的时间和精力都花在如何寻找更合理的借口身上。碰到难办的业务能推就推，好办的差事能争就争。时间一长，他的业务成绩直线下滑，没有完成任务他就怪他的腿不争气。总之，他现在已习惯因脚的问题在公司里可以迟到，可以早退，甚至工作餐时，他还可以喝酒，因为喝点可以让他的腿舒服些。

有谁愿意要这样一个时时刻刻找借口的员工呢？麦克被炒自然是情理中的事。

在工作中，像麦克这样遇到问题不是想办法解决，而是四处找借口来推脱的人并不少见，但是他们这样做所带来的后果就是不仅损害了公司的利益，也阻碍了自己的发展。

在工作中，千万不要找任何理由为自己的过错开脱。一旦给自己的错误找了借口，就是给自己的失败找到了理由，就是使自己失败得到"合理化"。更不要让借口成为习惯，否则，这种找借口的坏习惯，终将让你成为工作的努力，你也将一事无成。

任何借口都是推卸责任，在责任和借口之间，选择责任还是选择借口，体现了一个人的工作态度。在美国卡托尔公司的新员工录用通知单上印有这样一句话："最优秀的员工是像凯撒一样拒绝任何借口的英雄！"

休斯·查姆斯在担任"国家收银机公司"销售经理期间曾面临着一种最为尴尬的情况：该公司的财政发生了困难。这件事被负责推销的销售人员知道了，并因此失去了工作的热忱，销售量开始下跌。到后来，情况更为严重，销售部门不得不召集全体销售员开一次大会，全美各地的销售员皆被召去参加这次会议。查姆斯先生主持了这次会议。

首先，他请手下最佳的几位销售员站起来，要他们说明销售量为何会下跌。这些被点到名字的销售员一一站起来以后，大家有一个共同的理由：商业不景气，资金缺少，人们都希望等到总统大选揭晓后再买东西等等。

当第五个销售员开始列举使他无法完成销售配额的种种困难时，查姆斯先生突然跳到一张桌子上，高举双手，要求大家肃静。然后，他说道："停止，我命令大会暂停10分钟，让我把我的皮鞋擦亮。"然后，他命令坐在附近的一名黑人小工友把他的擦鞋工具箱拿来，并要求这名工友把他的皮鞋擦亮，而他就站在桌子上不动。在场的销售员都惊呆了。他们有些人以为查姆斯先生发疯了，人们开始窃窃私语。就在这时，那位黑人小工友先擦亮他的第一只鞋子，然后又擦另一只鞋子，他不慌不忙地擦着，表现出一流的擦鞋技巧。

皮鞋擦亮之后，查姆斯先生给了小工友一毛钱，然后发表他的演说。他说："我希望你们每个人，好好看看这个小工友。他拥有在我们整个工厂及办公室内擦鞋的特权。他的前任是位白人小男孩，年纪比他小得多。尽管公司每周补贴他5元的薪水，而且工厂里有数千名员工，但他仍然无法从这个公司赚取足以维持他生活的费用。"

"可是现在这位黑人小男孩不仅可以赚到相当不错的收入，既不需要公司补贴薪水，每周还可以存下一点钱来，而他和他的前任的工作环境完全相同，也在同一家工厂内，工作的对象也完全相同。"

"现在我问你们一个问题，那个白人小男孩没有得到更多的生意，是谁的错？是他的错，还是顾客的错？"

那些推销员不约而同地大声说："当然了，是那个小男孩的错。"

"正是如此。"查姆斯回答说，"现在我要告诉你们，你们现在推销收银机和一年前的情况完全相同：同样的地区、同样的对象以及同样的商业条件。但是，你们的销售成绩却比不上一年前。这是谁的错？是你们的错，还是顾客的错？"

同样又传来如雷般的回答："当然，是我们的错。"

"我很高兴，你们能坦率承认自己的错。"查姆斯继续说，"我现在要告诉你们。你们的错误在于，你们听到了有关本公司财务发生困难的谣言，这影响了你们的工作热忱，因此，你们不像以前那般努力了。只要你们回到自己的销售地区，并保证在以后30天内，每人卖出5台收银机，那么，本公司就不会再发生什么财务危机了。你们愿意这样做吗？"

大家都说"愿意"，后来果然办到了。那些他们曾强调的种种借口：商业不景气，资金缺少，人们都希望等到总统大选揭晓以后再买东西等等，仿佛根本不存在似的，统统消失了。

这个例子告诉我们，责任感是我们战胜工作中诸多困难的强大精神动力。不为自己找借口，承担相应的工作责任，会使我们有勇气排除万难，甚至可以把"不可能完成"的任务完成得相当出色。

"不找借口"应该成为每一位职场人士奉行的最重要的行为准则，它强调的是每一个人都应该想尽办法去完成任何一项任务，而不是为了没有完成的任务去寻找任何借口，哪怕看似合理的借口。对于那些在工作中找借口、推卸责任的人，是很难获得最后的成功的。因为企业的老板总是希望把每一份工作都交给责任心强的人，谁也不会把重要的职位交给一个遇到问题总是推三阻四、找出一大堆借口的人。

问题止于方法，成功源于责任

著名的美国西点军校有一个久远的传统，遇到学长或军官问话，新生只能有四种回答："报告长官，是。""报告长官，不是。""报告长官，没有任何借口。""报告长官，我不知道。"除此之外，不能多说一个字。

新生可能会觉得这个制度不尽公平，例如军官问你："你的腰带这样算擦亮了吗？"你当然希望为自己辩解。但是，你只能有以上四种回答　别无其他选择。在这种情况下，你也许只能说："报告长官，不是。"如果军官再问为什么，唯一的适当回答只有："报告长官，没有任何借口。"

这既是要新生学习如何忍受不公平——人生并不是永远公平的，同时也是让新生们学习必须承担责任的道理：现在他们只是军校学生，恪尽职责可能只要做到服装仪容的要求，但是日后他们肩负的却是其他人的生死存亡。因此，"没有任何借口"！

从西点军校出来的学生许多人后来都成为杰出将领或商界奇才，不能不说这是"没有任何借口"的功劳。

"没有任何借口"是美国西点军校200年来一直奉行的行为准则。这一行为准则同样适用于当今职场的工作。无论工作中的任务有多困难，我们都不要去寻找"借口"，而是应该尽自己所能去完成任务。

在某企业的季度会议上——营销经理说："最近销售不好我们有一定责任。但主要原因是，对手推出的新产品比我们的好。"

研发经理"认真"总结道："最近推出的新产品少是由于财务部门削减了研发预算。"

财务经理马上接上解释："公司采购成本在上升，我们必须削减。"

这时，采购经理跳起来说："采购成本上升了10%，是由于俄罗斯一个生产铬的矿山爆炸了，导致不锈钢价格急速攀升。"

于是，大家异口同声地说："原来如此。"言外之意便是：大家都没有责任。

最后，总经理终于发言："这样说来，我只好去考核俄罗斯的矿山！"

这样的情景经常在不同企业上演着——当工作出现困难时，每个人不是先找自身的问题，而是找借口指责相关的人没有配合好自己的工作。可见，借口就是一张敷衍别人、原谅自己的"挡箭牌"，就是一个掩饰弱点、推卸责任的"万能器"。人们经常把宝贵的时间和精力放在了如何寻找一个合适的借口上，而忘记了自己的职责和责任！

其实，在每一个借口的背后，都隐藏着丰富的潜台词，只是我们不好意思说出来，甚至我们根本就不愿说出来。借口让我们暂时逃避了困难和责任，获得了些许心理的慰藉。但是，借口的代价却无比高昂，它给我们带来的危害一点也不比其他任何恶习少。

美国成功学家格兰特纳说过这样一段话："如果你有自己系鞋带的能力，你就有上天摘星的机会！让我们改变对借口的态度，把寻找借口的时间和精力用到努力工作中来。因为工作中没有借口，人生中没有借口，失败没有借口，成功也不属于那些寻找借口的人！"

任何问题都有解决的方法，方法总比问题多，关键是我们对待问题的态度。当遇到问题时，平庸者不是主动去找方法解决，而是找借口回避问题，而优秀者则是把问题当做机遇，积极地寻找解决问题的方法，将问题变为成功的机会。

20世纪70年代中期，日本的索尼彩电在本国内已成为红极一时的家电产品了，但是在美国它却不被顾客所接受，销售量不尽人意。为了改变这种局面，索尼派出了很多位负责人前往美国芝加哥指导工作，但仍不见成效，被派出去的负责人，一个个空手而回，并找出一大堆借口为自己的美国之行进行辩解。

最后，索尼公司指派了卯木肇担任索尼国外部部长，上任不久，他被派往芝加哥，当卯木肇风尘仆仆地来到芝加哥市时，他发现，索尼彩色竟然在当寄卖商店里蒙尘垢面，无人问津。

如何才能改变这种状况呢？卯木肇陷入了沉思……

一天，卯木肇驾车去郊外散心，在归来的路上，他注意

以感恩心做人 以责任心做事

到一个牧童正赶着一头大公牛进牛栏，而公牛的脖子上系着一个铃铛，在夕阳的余晖下叮当叮当地响着，后面的一群牛跟在这头公牛的屁股后面，温顺地鱼贯而入……此情此景令卯木肇一下子茅塞顿开，他想到了带头牛，索尼要是能在芝加哥找到这样一只"带头牛"商店来率先销售，岂不是很快就能打开局面？卯木肇为自己找到了打开美国市场的钥匙而兴奋不已。

卯木肇最先想到了芝加哥市最大的电器零售商马歇尔公司。为了尽快见到马歇尔公司的总经理，卯木肇第二天早就去求见，但他递进去的名片却被退了回来，原因是经理不在。第三天，他特意选了一个估计经理比较闲的时间去求见，但回答却是"外出了"。他第三次登门，经理终于被他的耐心所感动，接见了他，但却拒绝卖索尼的产品。经理认为索尼的产品降价拍卖，形象太差。卯木肇非常恭敬地听磁卡经理的意见，并一再地表示要立即着手改变商品形象。

回去后，卯木肇立即从寄卖店取回货品，取消削价销售，在当地报纸上重新刊登大面积的广告，重塑索尼形象。

当卯木肇再一次扣响了马歇尔公司经理的门时，这次听到的是索尼的售后服务太差，无法销售。卯木肇立即成立索尼特约维修部，全面负责产品的售后服务项目工作；重新刊登广告，并附上特约维修部的电话在和地址，24小时为顾客服务。

屡次遭到拒绝，卯木肇还是痴心不改，他规定他的每个员工每天拨一次电话，向马歇尔公司询购索尼彩电，马歇尔公司被接二连三的求购电话搞得晕头转向。以致员工误将索尼彩电列入"接交货名单。"这令经理大为恼火，这一次他主动召见了卯木肇，一见面就骂卯木肇打乱了公司的正常秩序，卯木肇笑逐颜开，等经理发完了火之后，他才晓之以利，动之以情地对经理说："我几次来见您，一方面是为本公司的利益，但同时也是为了贵公司的利益。在日本国内最畅销的索尼菜电，一定会成为马歇尔公司的摇钱树。"在卯木肇的巧言善辩下，经理终于同意方式销两台，不过，条件是，如果一周之内卖不出去，立马搬走。

为了开个好头，卯木肇亲自挑选了两名得力干将，把百万美金订货的重任交给了他们，并要求他们破釜沉舟，如果一周之内这两台彩电卖不出去，就不要再返回公司了……

两人果然不负众望，当天下午4点钟，两人就送来了好消息，马歇尔公开发中心又追加了两台。至此，索尼彩电终于挤进了芝加哥的"带头牛"商店，随后，进入家电的销售旺季，短短一个月内，竟卖出700多台，索尼和马歇尔从中获得了双赢。

有了马歇尔这只"带头牛"开路，芝加哥市的100多家商店都对索尼彩电群起而销之，不出3年，索尼彩电在芝加哥的市场占有率达到了30%。

卯木肇的成功经历印证了这样一个事实：成功属于那些善于找方法的人，而不是善于找借口的人。与其费心思为自己的失败找各种借口，不如花时间为自己找一个解决问题的好方法。因此，我们要做一个为成功找方法的人，而不是为失败找借口的人。

服从是一种责任，是有效执行的保证

美国UBC公司有句名言："员工的天职就是服从执行。"服从是每个职场人士必须具备的素质之一。良好的服从精神是企业立于不败之地必须解决的第一要务。一个企业要想发展，就要求员工必须坚决服从企业的安排，拖沓、不负责任的人可能给企业带来巨大的损失。一个人只有学会了服从，勇敢地承担起应有的责任，才能不断提高自己的能力；企业只有在以服从为天职的人的共同努力下，才能不断创造更辉煌的业绩。

服从就是无条件地执行，就是不着任何借口，快速认真的依从上级指令完成任务。倘若你对公司的管理制度和营销政策总是嗤之以鼻，嘲笑制度死板，抱怨销售指标太高，他能自觉地遵守各项条规，百分百地执行目标吗？总是一副自命不凡的样子，认为老板的能力还不如他，根本不把老板放在眼里，他能认真按照老板的意图去完成工作吗？接获任务时，总要讲条件、问原因、找理由，一副推三阻四、老大不高兴的样子，你能高质量、圆满地完成任务吗？

有位年轻人从一所著名的石油大学毕业后，被分配到一个海上油田钻井队工作。在钻井队工作的第一天，队长要求他在规定的时间内登上几十米高的钻井架，把一个盒子送到最顶层的主管手里。他拿着盒子快步登上高高的狭窄的舷梯，气喘吁吁地登上了井架的顶层，按时把盒子交到了主管手里。主管打开了盒子，并从盒子里取出一样东西，然后封好包装并在上面签下自己的名字，就让他送回去。他又赶快跑下舷梯，把盒子交给队长。此时，队长又拿出一个新盒子，也在上面签下自己的名字，让他再送给主管。

他看了看队长，犹豫了一下，又转身登上舷梯。当他第二次登上顶层把盒子交给主管时，浑身是汗两腿发颤，主管却和上次一样，仔细看了一会儿后又在盒子上签下名字，让他把盒子再送回去。他擦擦脸上的汗水，转身走向舷梯，把盒子送下来，队长重复着第一次的动作，再次换了个新盒子并签完字，让他再送上去。

这一次他心里有些不高兴了，但他看着队长没有表情的脸，便忍着没有发作，又拿起盒子艰难地一个台阶一个台阶地往上爬。当他上到最顶层时，浑身上下都湿透了，他第三次把盒子递给主管，主管看着他，不紧不慢地说："你把盒子打开吧。"他打开盒后才发现，里面只装着2枚螺母。他愤怒地看着主管一句话也没说，想看看下面还会有什么安排。

主管这时对他说："把这2枚螺母拧到那边的螺丝上。"年轻人这时再也忍不住了，"叭"地一下把盒子摔在了地上："如果你们觉得这样戏耍人有意思的话，我不干了！"说完他看看倒在地上的盒子，感到心里痛快了许多，刚才的愤怒全释放了出来。

这时，主管站起身严肃地对他说："螺母虽小，但是固定井架的非常重要的一个构件。你可能不知道，你反复地上下并没有白忙活，因为最后送上来的才是合适的螺母。再者，我们刚才让你做的这些，叫做承受极限训练，因为我们在海上作业，随时会遇到危险，这就要求队员身上一定要有极强的承受力，承受各种危险的考验，才能完成海上作业任务。作为一名优秀的海上油田钻井队队员，首先应该对上级命令绝对服从，它是成就油田事业的素质之一。可惜，前面三次你都通过了，只差最后一点点，你没有把螺母拧到螺丝上。现在，你可以走了。"

面对老板布置的任务，服从命令是第一选择。毕业于西点军校的沃尔玛创始人沃尔顿经常说："没有服从就没有执行，团队运作的前提条件就是服从。我们要的不是和领导作对的员工，而是服从领导决策，第一时间完成任务的员工。"即使上司有所偏颇，你也应该冷静下来，找机会慢慢把问题分析清楚，而不应一时冲动使矛盾升级，使事态扩大。

服从意味着什么？意味着责任，意味着自我约束，意味着纪律。这些都是忠诚的表现。上司让你往西你往东，这就是不服从。这种不服从产生的后果是某件事情不能保质保量的完成。我们每一个人在一个公司中，都应当有责任心，如果因为我们自己不服从上司的原因而导致任务无法完成，工作无法进行，那只能表明我们没有一点责任意识，是一个只顾自己感受的自私自利的人。显然，没有任何一个老板敢将这种员工放在一个重要的位置上，让他担当重任。

没有服从就没有执行，公司运作的前提条件就是服从，可以说，没有服从就没有一切。在公司里，你要给自己一个定位，明确自己的职责，服从公司分配给你的任务。

有一位叫吉米的年轻人，老板让他去一个新的地方开辟市场，那是一个十分偏远的郊区。很多人看来，公司生产的产品要在那里取得销路是十分困难的。其实，在把这个任务分派给吉米之前，老板曾经三次把这个任务交给过公司里其他人，但是都被他们推脱掉了。他们一致认为那个地方没有市场，接受这个任务最终结果将是一场徒劳。吉米在得到老板的指示后什么也没有多说，只带着一些公司产品的样品出发了。

一个月后，吉米回到了公司，他带回了令人振奋的消息，那里有着巨大的市场。其实，吉米在出发之前，他也认定公司的产品在那里没有销路。但是，由于他坚决的服从意识，他毅然前往，并用尽全力去开拓市场，结果最终取得了成功。

在工作中，服从可以让人承担更多的责任，放弃任何借口，放弃惰性，摆正自己的位置，调整自己的情绪，让目标更明朗，让思绪更直接。有服从精神的人，敢于挑战，难事、棘事面前不低头，不管问题再多、困难再大、矛盾再复杂、任务再艰巨，也能努力克服。

服从老板的安排是一个人工作中的行为准则，是锻炼工作能力的基础。工作任务完成要求我们必须具有强有力的执行力。而强有力的执行力，则意味着对老板下达的指令和任务欣然接受，全力以赴地贯彻执行；意味着无论遇到什么艰难险阻，甚至陷入绝境，也必须恪尽职守，不达目的不罢休。无论是谁，如果一直贯彻这种理念，他工作中一定会取得很大的突破。同时，服从也是工作的推进剂，能给人的行动催生无穷的勇气，激发人的潜力。只有具备了这种服从精神，才能提高自己的执行能力。

工作没有"分内分外"一说

做好自己的本分，是成功的基石。而做点分外事，则是职业精神的体现，也是个人气度的体现。在工作中，仅仅尽职尽责是不够的，还应该比分内工作多干一点点，比别人期待的更多一点，这样才能得到更多的锻炼，才能为成长提供更多的机会。一些看起来不起眼的小事，常常能反映出一个人的工作态度。

李·柯金斯在担任福特汽车公司总经理时，有一天晚上，公司里因有十分紧急的事，要发通告信给所有的营业处，所以需要全体员工协助。不了，当李·柯金斯安排一个做书记员的下属去帮忙套信封时，那个书记员竟傲慢地说："这不是我的工作，我不干！我到公司里来不是做套信封工作的。"听了这话，李·柯金斯一下就愤怒了，但他仍平静地说："既然这件事不是你的分内事，那就请你另谋高就吧！"

在实际工作中，不乏一些像上例中书记员一样的员工，他们将分内、分外用明确的界线划得很清楚，只做自己分内的工作，或多做一点就要图报酬，殊不知这有碍于自己工作能力的提高，久而久之还会令老板对你失去好感。所以，当你接到额外工作时，不要愁眉苦脸，抱怨不停，多做分外工作对你的成功大有好处。

小王原来的工作并没有现在的工作好，只是一件小事情引起了这种变化。一个星期六的下午，一位律师（其办公室与小王的同在一层楼）走进来问他，哪里能找到一位速记员来帮忙，手头有些工作必须当天完成。小王告诉他，公司所有速记员都去看球赛了，如果晚来五分钟，自己也会走。但小王同时表示自己愿意留下来帮助他，因为"球赛看不到电视直播，还可以看转播，但是工作必须当天完成"。

做完工作后，律师问小王应该付他多少钱。小王开玩笑地回答："哦，既然是你原先想请人做的工作，大约1000元吧。如果是帮忙，我是不会收取任何费用的。"律师笑了笑，向小王表示谢意。

小王的回答不过是一个玩笑，并没有真正想得到1000元。但出乎小王意料，那位律师竟然真的这样做了。三个月之后，在小王已将这件事情忘到九霄云外时，律师却找到了小王，交给他1000元，并且邀请小王到自己的公司工作，薪水比原来的高出一千多元。

小王放弃了自己喜欢的球赛，多做了一点儿分外的事情，最初的动机不过是出于乐于助人的愿望，而不是金钱上的考虑，但这却为自己意外地带来了比以前更重要、收入更高的职务。

职场中，在努力做好本职工作的同时，还要经常去做一些分外的事，只有这样，你才能时刻保持积极主动的心态，才能得到更多的锻炼机会，才能引起老板的注意。

多做一些分外的工作，就会多一次学习和锻炼的机会，多一种技能，多熟悉一种业务，对自己总是有好处的。它会使你尽快地从工作中成长起来。也许你会说，我们没有义务做职责范围以外的事。但是，积极主动是一种宝贵的备受领导重视的素养，它能使人变得更加敏捷、更加积极向上。

吴斌和李涛是同期入职的大学毕业生，他们就职的公司属于技术含量较高的企业。入职之初，他们对未来的职业生涯充满了遐想与期待。

吴斌家住外市，他在公司附近租房子一个人独立生活；李涛家住本市，与父母一起生活，居住地距公司也不远。

按照公司对新入职毕业生的培养计划，吴斌和李涛将在相关技术和业务岗位轮岗实习一年。吴斌对实习安排主动接受，工作态度积极，不错过任何学习实践的机会；李涛则走马观花般地应对实习安排，因为他觉得自己本应在固定的技术岗位上，轮岗实习是浪费时间。

半年后，他们轮岗到复合型的业务部门，当时正赶上业务部门订单量增大，业务人手不够。按照实习计划，每周休息日实习生没有加班任务。吴斌主动放弃休息，无偿加班，在大量紧张的工作中学到了书本上学不到的知识，并与业务部门的同事们结下了友谊，锻炼了自己的沟通协调能力，处理紧急事务的应变能力。李涛则按部就班地工作和休息。在转到其他岗位实习时，吴斌仍不改孜孜不倦的工作热情，不论"分内"和"分外"工作，尽其所能地帮助同事分担工作，很多时候还是在工余时间完成。李涛常笑吴斌有点"傻"，与自己不相干的活儿，干了也是白干，成绩总归是他人的，像自己这样多轻松，一点也不累，实习结束一样会被分配到技术岗位。

实习期满，吴斌和李涛一起被分配到技术部门工作。李涛发现，同样安排给他们的工作任务，吴斌很快就能进入工作状态，总能提前完成工作，并常常能得到曾帮忙干"分外"活儿的前辈们的指导。

两年后，由于工作出色，吴斌成为了部门技术骨干。这时李涛才意识到真正"傻"的人是自己，因为技术含量高的企业，需要复合型的技术人才。同期入职，自己仍是普通技术员，而吴斌却成了他的上级主管。

多做一些看似分外之事，往往能让你拥有更多的机会和收获。事实表明，只有超越领导的期望，付出超值的努力，你才能在竞争中脱颖而出。所以不要总是以"这不是我分内的工作"为理由来逃避责任，推卸责任。当分外的工作降临到自己头上时，你不妨视为一种机遇、一种锤炼。如果不是你的工作，你去做了，就能得到老板的赏识。

社会在进步，企业在发展，个人的职责范围也在随之扩大。在公司里，你永远没有分外的工作。那些所谓分外工作都应是你的工作。能够把它做好，不仅是能力的体现，更能加重你在公司领导心中的砝码。

总之，作为企业的员工，你应当对企业的发展全面负责，树立主人翁的意识，自觉做好"分内"的事情，主动去做"分外"的事情，尽我所能地为企业这个大家庭增光添彩。

第三章 确保结果：
落实任务，先要落实责任

尽职尽责，全力以赴做到最好

一份英国报纸刊登一则招聘教师的广告："工作很轻松，但要全心全意，尽职尽责。"事实上，不仅教师如此，对待所有的工作都应该全心全意、尽职尽责才能做好。而这正是优秀员工必备职业精神的基础。

一个人无论从事何种职业，都应该尽职尽责，尽自己的最大努力，求得不断的进步。如果没有了职责和理想，生命就会变得毫无意义。无论你身居何种岗位，如果能全身心投入工作，最后就会获得成功。那些在人生中获得成功的人，一定是在某一特定领域里进行过坚持不懈的努力。

能否竭尽全力地做好任何一件事，是决定一个人事业上能否成功的关键。有了全力以赴的精神，成功的可能性便会大大提高。这不仅是人生的原则，也是工作的原则。所以，一个人无论从事何种职业，都应该尽心尽责，尽己的最大努力，求得不断的进步。

　　美国前参谋长联席会议主席柯林·鲍威尔，曾是一家汽水厂的清洁工人，当时他的工作是负责把地板抹干净。柯林·鲍威尔认为这个工作单调无味，没有发展前途，所以他非常厌倦这份工作。后来，有一个朋友给他讲了一个关于掘沟人的故事。有三个人一起挖沟。第一个拄着铲子说他将来一定会做老板；第二个抱怨工作时间长，报酬低；第三个只是低头挖沟。过了若干年后。第一个仍在拄着铲子；第二个虚报工伤，找到借口退休；第三个呢？他成了那家公司的老板。故事讲完后，朋友意味深长地对他说：不管你做什么，总会有人注意的！从此后，柯林·鲍威尔打定主意，要做个最好的擦地工人。

　　有一次，柯林·鲍威尔刚刚将地板擦干净，有人就打碎了五十箱汽水，弄得满地都是黏糊糊棕色泡沫。他很生气，但还是忍着性子擦干净地板。过了不久，工头对他说："你抹地板擦得真干净。"第二年，他被调往装瓶部，第三年升为副工头。以后，柯林·鲍威尔始终记得这个道理：凡事全力以赴。他知道，不管我做什么，总会有人注意的！

　　柯林·鲍威尔的故事告诉我们：在职场中，无论做什么工作、担任什么职位，我们都要全力以赴，不要辜负自己的才能。

因为没有一份工作是卑微到不值得好好去做的。

想在工作中表现得更出色，办法只有一个，那就是全力以赴地投入工作。无论身处怎样的境遇，遭遇怎样的困难，都不要放弃努力，而应该竭尽全力做到最好，这样应该会心想事成的。

无数的事实证明，成功没有捷径可走，任何希望谋取好职位的人都必须全力以赴地做好每一件工作。

成功者和失败者的分水岭在于成功者无论做什么，都力求达到最佳境地，丝毫不会放松；成功者无论做什么职业，都不会轻率疏忽。所以你应该永远带着热情和信心去工作，应该全力以赴，不找任何借口。要知道得过且过的人在任何一个企业都很难得到提拔和加薪。

李嘉诚说过："做生意不需要学历，重要的是全力以赴。"杰克·韦尔奇也说过："干事业实际上并不依靠人的智慧，关键在于你能否全心投入，并且不怕辛苦。实际上，经营一家企业不是一项脑力工作，而是体力工作。"可见，在我们的工作中，学历和能力并不一定是最重要的，但如果不全力以赴地投入工作，就无法在职场中取得优异的成绩。

前美国国务卿基辛格博士，在诸事繁忙之际，仍旧坚持要求自己的下属凡事做到最完美。当他的助理呈递一份计划给他的数天之后，该助理问他对其计划的意见。基辛格和善地问道："这是你所能做的最佳计划吗？"

"嗯……"助理犹疑地回答："我相信再做一些细节改进的话，一定会更好。"

基辛格立即把那个计划退还给他。

以感恩心**做人** 以责任心**做事**

在努力了两周之后，助理再次呈上了自己的成果。几天后，基辛格请该助理到他办公室去，问到："这的确是你所能拟定的最好计划了吗？"

助理后退了一步，喃喃地说："也许还有一两点细节可以再改进一下……也许需要再多说明一下……"

助理随后走出了办公室，肋下夹着那份计划，下定决心要研拟出一份任何人——包括亨利·基辛格都必须承认的"完美"计划。

于是，这位助理日夜工作，有时甚至就睡在办公室里，三周之后，计划终于完成了！他非常得意地跨着大步走入基辛格的办公室，将该计划呈交给国务卿。

当听到那熟悉的问题"这的确是你能做到的最最完美的计划了吗"时，他激动地说："是的。国务卿先生！"

"很好。"基辛格说："这样的话，我有必要好好地读一读了！"

基辛格虽然没有直接告诉他的助理应该做什么，但是他通过这种严格的要求来训练自己的下属怎样才能把工作做得更出色，完成一份合格的计划书。

通过这件事之后，基辛格的助理明白了这样一个道理：只有尽职尽责的工作，才能把工作做到最好。从这以后，他经常以"这是你能做的最好的方案吗？"这句话问自己，并尽职尽责地干好每一份工作。

一个人在工作中创造出的成绩，关键的不是他的能力是否过人，也不在于外界的环境是否足够优越，最关键在于他是否竭尽全力。只要竭尽全力，即使他所从事的仅是简单平凡的工作，仍然可以在工作中创造出骄人的成绩。

一位先哲说过："如果有事情必须去做，便全身心投入去做吧！"另一位明哲则道："不论你手边有何工作，都要尽心尽力地去做！"如果我们在工作中真正拿出敬业的精神，时刻保持最佳的工作状态，无论做什么事都全力以赴，追求尽善尽美，那无论我们从事的是什么工作，身陷怎样的困境，处于怎样平凡底层的岗位，都能在最短时间获得成长和发展的机会，为自己的成功踏踏实实地奠定基础。

一天，猎人带着猎狗去打猎。猎人一枪击中一只兔子的后腿，受伤的兔子开始拼命地奔跑。猎狗在猎人的指示下也是飞奔而出去追赶兔子。可是追着追着，兔子跑不见了，猎狗只好悻悻地回到猎人身边，猎人开始骂猎狗了："你真没用，连一只受伤的兔子都追不到。"猎狗听了很不服气地回道："我尽力而为了呀。"

再说兔子带伤终于跑回洞里，它的兄弟们都围过来惊讶地问它："那只猎狗很凶呀，你又带了伤，怎么跑得过它的？""它是尽力而为，我是全力以赴呀，它没追上我，最多挨一顿骂，而我若不全力的话我就没命了呀。"

所以，如果你以前工作中遇到过挫折和坎坷，请回想一下，是否是因为自己当时仅仅是尽力而为了却并没有全力以赴地去对待工作呢？

如果你想成功卓越，你就要全力以赴，把你所有的力量都拿出来，全力以赴地去行动，一个目标一个目标地去攻克，一个小问题一个小问题地去解决，直至实现你的大目标。

许多人都曾为一个问题而困惑不解：明明自己比他人更有能力，但是成就却远远落后于他人——不要疑惑，不要抱怨，而应该先问问自己：是否做到了尽职尽责？

如果你对这个问题无法作出肯定的回答，那么这就是你无法获得成功的原因。如果一件事情是正确的，那么就大胆而尽职尽责地去做吧！

全心全意，全力以赴，潜能才可尽显。如果你想做一个成功的人，你就必须全力以赴地对待任何一件事，哪怕是一件小事情，如果你想做一名优秀的员工，那你必须全力以赴地工作；如果你想获得高薪和提拔，同样你必须全力以赴。只有全力以赴的人，才是企业最需要的人，也只有全力以赴的人，才是最容易获得老板青睐的人。

没有行动，一切都是空谈

任何一项工作计划和任务的完成，最终必然落实到行动上。美国联合保险公司的创办人和总裁克莱门特·斯通从他坎坷的创业史中由衷地感慨："我相信，'行动第一！'这是我最大的资产，这种习惯使我的事业不断成长。"可见，行动是第一执行力。行动的目的就是为了很快的执行，执行的前提就是要马上行动，在工作中二者相辅相成，缺一不可。

美国钢铁大王卡内基以果断的执行力而闻名。

有一次，一位年轻的支持者向卡耐基提出了一项大胆的建设性方案，在场的人全被吸引住了，它显然值得考虑。当其他人正在琢磨这个方案、进行讨论时，卡内基突然把手伸向电话并立即开始向华尔街拍电报，以电文方式陈述了这个方案。

在当时，拍一封电报显然花费不菲，但1000万美元的投资立项却正因为这个电文而拍板签约。如果卡内基也和大家一样只是热衷于讨论而不付诸行动，这项方案极可能就在小心翼翼地漫谈中流产。

有很多人都折服于卡内基的办事能力，羡慕他所取得的成就，却没有意识到卡内基的成功源自他在长期训练中养成的"立即执行"的工作风格。其实，众多知名企业之所以能够取得今天的成就，也是因其能够积极地进行行动与实践。

行动之前，没有人可以未卜先知，也没有人可以完全预测行动的结果，更没有人可以说你必将失败，因为无论什么样的结果，只有在行动之后才会出现，而当你勇敢地行动起来时，这样的结果往往将变成你的一次新的成功。这是每个人在面对自己从来没有做过的事情应该牢记的一点。只有这样你才会积累起真正的勇气去面对一切困难。

在现代职场，不论何时，工作的成果永远只能从行动中获得，不可能通过空想而取得。作为企业员工，想要取得结果，首先要行动，然后还要执着于自己锁定的目标和结果。

在改革开放初期，海南有一个很有名的公司，那就是海口饮料厂。它之所以有名是因为它本来是一个濒临破产的公司，最后却成为海南当地的明星公司。

在王光兴就任海口饮料厂厂长之后，这个公司面临的是这样一个状况：产品滞销，资金呆死，生产基本停顿。面对这样的状况，他给厂内的产品质检和研发部以及市场部的员工们下了一个命令：在15天之内改进主产品的原料结构，使之更加符合当代人的口味，并做出全国的市场分析详细报告。

15天！这并不是一个简单的任务。面对这样的任务，员工们有两个选择：第一个是，改造救活这个公司是一个无法完成的任务，算了吧，肯定会失败的；第二个是，立即动起手来，开始分析原因研究配方，开始调查市场，开始计划，并将这一切落到实处变成现实。很显然，海口饮料厂的员工们选择的是后者。

靠着这种卷起袖子干活的精神，他们在15天之后做到了王光兴所要求的一切。也正是靠着这样的精神，这个公司在不到3年的时间内，由一个积压了800多吨产品的公司变成了一个年盈利108万元的当地明星公司，公司资产比在他们开始行动起来做调查、研究之时增加了4倍。

后来员工们回忆说，如果当时他们的犹豫真的超过了行动起来的决心的话，那么他们的公司永远不可能拥有后来的成功。面对困境和艰难的任务，如果不卷起袖子干活，这种困难就将会渐渐磨灭人的决心和意志，最后的结果就会是人的惰性最终获胜，从而使得任何美好的计划都功亏一篑。

无论是怎么样的结果都只有在真正行动之后才会出现，这是任何人，特别是一个公司员工在面对自己从来没有做过的项目的时候应该牢牢记住的一点。只有这样你才会积累起真正的勇气去面对一切困难，从而获得在别人或者自己看来都是不可能的一切。

行动是判断强者和弱者的主要标志，也是判断一个人能够完成任务的重要标准。每个人都有着种种的憧憬、种种的理想、种种的计划，如果我们能够将这一切的憧憬、理想与计划，迅速地加以执行，那么我们就能取得事业上的成就。

一家广告公司招聘设计主管，薪水丰厚，求职者甚众。几经考核，十位优秀者脱颖而出，汇聚到了总经理办公室，进行最后一轮的角逐。这时，老总指着办公室里两个并排放置的高大铁柜，为应聘者出了考题：请回去设计一个最佳方案，不搬动外边的铁柜，不借助外援，一个普通的员工如何把里面那个铁柜搬出办公室。

这些应聘者望着据说每个起码能有500多斤的铁柜，先是面面相觑，思考着为什么出此怪题，再看老总那一脸的认真，他们开始仔细地打量那个纹丝不动的铁柜。毫无疑问，这是一道非常棘手的难题。

三天后，九位应聘者交上了自己绞尽脑汁的设计方案：

杠杆，滑轮，分割……但老总对这些似乎很可行的设计方案根本不在意，只随手翻翻，便放到了一边。这时，最后一位应聘者两手空空地进来了，她是一个看似很弱小的女孩，只见她径直走到里面那个铁柜跟前，轻轻一拽柜门上的拉手，那个铁柜竟被拉了出来——原来那个柜子是超轻化工材料做的，只是外面喷涂了一层与其他铁柜一模一样的铁漆，其重量不过几十斤，她很轻松地就将其搬出了办公室。

这时，老总微笑着对众人说："大家看到了，这位未来的员工设计的方案才是最佳的——她懂得再好的设计，最后都要落实到行动上。"

成功者的路由千条万条，但是行动却是每一个成功者的必经之路，也是一条捷径。也许你早已经为自己的未来勾画了一个美好的蓝图，但是它同时也给你带来烦恼，你感到自己迟迟不能将计划付诸实施，你总是在寻找更好的机会，或者常常对自己说：留着明天再做。这些做法将极大地影响你的做事效率。因此，要获得成功，必须立刻开始行动。任何一个伟大的计划，如果不去行动，就像只有设计图纸而没有盖起来的房于一样，只能是一个空中楼阁。

业绩是衡量责任的外化标准

当今企业中，有许多人存在这样的想法。当老板交给的任务没有成功地完成的时候，就会产生"没有功劳也有苦劳"的观念，觉得老板应该谅解自己的难处，应该考虑自己的努力因素。

工作中，我们常常也会听到这样一句话："我没有功劳也有苦劳。"特别是那些能力不够，而且对待工作没有尽力的员工，这句话常常被他们用来安慰自己，也常常成为抱怨的借口。他们认为，一项工作，只要做了，不管有没有结果，就应该算成绩。

实际上，没有功劳的所谓苦劳不但消耗了自己的时间，还浪费了公共的资源！

联想集团有一个著名的理念，就是："不重过程重结果，不重苦劳重功劳。"在工作中，不要告诉别人你有多辛苦，你有多努力，而要说自己做成了什么事。说得再简单点：不仅要做事，更要做成事。只有做成事才是关键。

有这样一个故事：

一个贵族即将出门到远方去。临行前，他把三个仆人召集起来，按各人的才干，给了他们银子。

后来，这个贵族回来了，他把仆人叫到身边，了解他们经商的情况。

第一个仆人说："主人，您交给我1000两银子，我已用它赚了5000两。"

主人听了很高兴，赞赏地说："善良的仆人，你既然在赚钱的事上对我很忠诚，又这样有才能，我要把许多事派给你管理。"

第二个仆人接着说："主人，您交给我的1000两银子，我已用它赚了1000两。"

主人也很高兴，赞赏这个仆人说："我可以把一些事交给你管理。"

第三个仆人来到主人面前，打开包得整整齐齐的手绢说："尊敬的主人，看哪，您的1000两银子还在这里。我把它埋在地里，听说你回来，我就把它掘出来了。"

主人的脸色沉了下来："你这个懒惰的仆人，你浪费了我的钱！"

于是主人把这1000两银子给了那个已经有10000两银子的仆人。

案例中的第三个仆人认为自己会得到主人的赞赏，因为他没有丢失主人给他的1000两银子。在他看来，虽然没有使金钱增值，但也没有丢失，就算完成主人交代的任务了。但是他的主人却并不这么认为。他不想让自己的仆人顺其自然，而是希望他们表现得更杰出一些。他想让他们超越平凡，其中两个做到了——他们把赋予自己的东西增值了，只有那个愚蠢的仆人得过且过。

实际上，这个故事再明确不过地说明了使财富增值是每个人的天职。假如你的老板出于信任，拨一笔资金让你经营一个项目，你首先不能使公司亏本，而且必须要让自己创造出高于启动资金几十倍的财富来，如此你才算尽到了自己的天职。反之，假如你没有使投资增值，亏了本或者保持了原样，就会跟故事中的第三个仆人一样，是一个没有尽职的、永远不能做不平凡事的人。

有一位房地产销售总监说："所有企业的管理者和老板，只认一样东西，就是业绩。老板给我高薪，凭什么呢？最根本的就要看我所做的事情，能在市场上产生多大的业绩。"现在就是以业绩论英雄的时代。

业绩是一个企业的生存之本，每一个企业都将注重业绩作为自己企业文化的重要组成部分，而且把业绩当作员工的重要素质。任何一个企业运营的最主要目的，都是获得赢利，使企业的发展越做越大。这是企业存在的根本。

对于员工来说，你的工作业绩最能证明你的工作能力，显示你过人的魄力，体现你的个人价值。所以，要想成为受到公司欢迎的员工，就必须用自己的成绩去证明自己的能力和价值，必须对企业的发展有贡献，这样你才会得到企业的重用，赢得上司的赏识。

威尔逊上大学的时候就在一家著名的IT公司做兼职，由于表现出色，大学毕业后被该公司录用为正式员工，担任技术支持工程师。

初进这家公司，威尔逊只是技术支持中心的一名普通工程师，但他很感谢公司给了他这次机会，非常想干好毕业后的第一份工作，唯一能够表达他的感恩之心与珍惜之情的便是良好的表现。当时，经理考核他的一句是记录在公司的报表系统上的"成绩单"，但"成绩单"月末才能看到。于是他想：从经理的角度来看，如果可以每天得到"成绩单"的报表，岂不是可以更好地调配和督促员工？从员工的角度来看，岂不是会更快地得到促进和看到进步？同时，他还了解到现行的月报表系统有另外一个缺陷；当时另外一家分公司的技术支持中心只有三四十人，如果遇到新产品发布等原因业务量突然增大，或一两个员工请病假，很多工作就被耽误。

综合考虑了各种因素之后，威尔逊觉得自己有必要设计一个具有更快反应能力的报表系统，他花了一个周末的时间编写了一个具有他所期望的基础功能的报表小程序。一个月后，威尔逊的"业余作品"——基于web内部网页的报表开始投入使用，并取代了原来的Excel报表。由于在报表系统方面的出色工作，公司总裁看到了威尔逊的潜在能力，认为他可以从更高的管理角度思考问题。工作两年后，年仅24岁的他就被提拔为公司历史上最年轻的中层经理，后来他更因在技术支持部门出色地工作表现而调任美国总部任高级财务分析师。一年后，总裁亲自将一个重要的升迁机会给了威尔逊，让他担任公司在整个亚洲市场的技术支持总监。

在职场上，你的业绩就是你的武器，只有不断努力提高自己的价值，提升自己的业绩，才能成为名副其实的优秀人才。

不管你在公司的地位如何，不管你的学历如何，你想在公司里成长、发展、实现自己的目标，你都需要用业绩来做保障。只要你能创造出业绩，你就能得到老板的器重，获得晋升的机会。因为你创造的业绩是公司发展的决定性条件。

假如你在职场中屡屡遭受失败的打击，总是拿不到高薪或谋取好的职位，不妨静心自省：我的业绩是不是没有达到最理想的状态？假如答案是肯定的，那么你就要努力把业绩提升上去了。因为，一个人的工作业绩最能证明他的工作能力，显示他过人的魄力，体现他的个人价值；而且，通过绩效考评的方式，业绩的高低往往直接决定了他职位和薪水的高低。没有能力改善公司业绩或不能出色地完成本职工作的人，不但没有资格要求企业给予奖励，还将因自己的业绩平平而面临被淘汰的危险。

主动补位，承担相应的责任

在工作中，我们经常遇到这种情况：老板不在或者其他员工不在，可是这个人的岗位上有事急需要处理，此时，如果老板没有授权，作为岗位上的员工当然可以对此事置之不理，这可以保证员工没有越位。但是，另一方面，在这个时候，如果了你不及时补位，就有可能造成公司利益的损失。所以，在工作中，你还要在适当的时候补位，这体现的是一种自动自发、主动执行的精神，这种做法不仅保全了公司的利益，还体现了你个人的价值。

　　有一对兄弟从农村来城里打工，他们既没有学历又没有工作经验，几经周折才被一家货运公司招聘为搬运工。每天，兄弟俩都在码头的一个露天仓库搬卸货物。哥哥年龄大，心眼儿多，干活的时候经常耍滑头。而弟弟却不一样，他不仅工作非常积极，而且有责任心。他经常主动加班干活，却并没有要求什么回报，因为他把工作中的所有事情都看成了自己的分内事。

　　有一天深夜，外面刮起了狂风暴雨。弟弟马上从床上爬了起来，拿起手电筒就冲到大雨中去。哥哥怎么劝他都没劝住，只好在他背后大骂他是个傻瓜："这根本不是你要干的工作！这只是分外的工作，你去干了，老板也不会给你加工资！即使老板愿意给你钱，但你现在去干了，老板也看不见啊！"

　　弟弟却认为："只要力所能及，工作哪有什么分外分内的？"

　　在仓库里，弟弟查看了一个又一个货堆，并加固了那些被掀起来的篷布。

　　正在这时候，老板开车来到仓库，恰好看到了弟弟正在检查仓库，全身上下早已被雨水浇透了。当老板看到货物完好无损而弟弟却成了"水人"时，他非常感动，当场表示要给弟弟加薪。弟弟拒绝了："不用了，我只是出来看看缝补的篷布结不结实。再说了，我就住在仓库旁边，来看一看货物也只是举手之劳。"

　　老板看到他如此诚实和有责任心，便决定让他到自己新开的一家公司去当负责人。

所以，千万不要以为只要准时按点上下班、不迟到、不早退就是完成工作了，就可以心安理得地去领工资了。工作需要努力和勤奋，需要一种积极主动、自动自发的精神。

在职场中，我们不但要把自己的工作做到位，而且还要主动补位，想他人所未想，这样才能随时应对可能出现的各种问题，从而正确、及时地处理各种危机。主动补位的人，是企业永远都离不开的人，这样的员工永远不用担心被辞退，因为他能主动补位，能及时满足工作需要，能及时处理问题，能善于发现商机……

张楠是一家外企的员工，她的工作十分简单，就是每天负责收发和传送文件。张楠是一个十分主动的人，企业出现突发事件时，其他员工总是推三阻四，而张楠就像一个候补救火队员一样，及时主动的补上去。因为她愿意多做事，而且从来不叫苦叫累，工作也完成的很好，所以领导对她的指派也越来越多，有些不在她的工作范围内的事，也常常让她负责。

有些同事开始笑她，说他是老板的奴隶，干那么多事也不加薪水。可是，张楠对这样的议论不以为意，认为杂事虽然多，但自己有更多的学习机会，能够得到更多的锻炼。至于薪水，等到自己有更多的经验时，自然会增加。

后来，老板慢慢地对于他的工作表现十分满意。张楠渐渐接手一些较为重要的工作。当企业需要派人去拜访重要

客户或者是参加重要谈判时，她总是老板的第一人选。企业
成功上市后，张楠以董事会秘书的身份成为企业的一名重要
员工。

张楠的经历告诉我们，对于员工来说，主动补位不但不是一
种负担，而且还能掌握更多的个人资源和工作资源。自动自发、
主动补位做一些工作，日后一定能获得好处，你无意播下的种子
在不经意间会长成参天大树。

主动补位，表面上看是你为企业节省人力和物力开支，有利
于企业及时处理问题，从中收益。但在你主动补位的背后，这些
看似额外的事情对你能力提升和提升职位是利好因素。因此，我
们要抓住机会锻炼自己、掌握知识、积累经验，为将来的成功打
下了坚实的基础。

树立主动补位的意识，把今天的每一份工作做好，从而为明
天的成功积累更多的资本。树立补位意识，用锻炼自己成长的积
极心态来对待自己正在做的事情。把工作当成机会，把指派当成
锻炼。当你的主动成为一种习惯时，在不知不觉之间，已在老板
心目中树立了有能力、敢担当的形象，从而更容易被委以重任。

只要是关系到企业利益的事务，我们应该及时关注、主动
伸手，这样我们才能帮助企业发现更多的商机，帮助企业抢占市
场，在企业的发展过程中，也为自己赢得足够的发展空间。

所以每个员工要常常扪心自问：我是否具有补位意识？我
是否善于补位呢？如果你的回答不是特别肯定的话，你就必须改
变自己被动的工作态度，主动工作、主动补位，绝不做一个旁
观者。

第四章 贯穿细节：
细节体现责任，责任决定成败

细节是魔鬼，不要败在细节上

密斯·凡·德罗是20世纪世界最伟大的建筑师之一，在被要求用一句最简练的话来描述成功的原因时，他只说了五个字："魔鬼在细节"。他反复强调的是，不管你的建筑设计方案如何恢弘大气，如果你对细节的把握不到位，就不能称之为一件好作品。有时，细节的准确、生动可以成就一件伟大的作品，细节的疏忽则会毁坏一个宏伟的规划。

对于一个人来说，注重细节其实就是一种工作态度。看不到细节，或者不把细节当回事的人，必然是对工作缺乏认真的态度，对事情只能是敷衍了事。这种人无法把工作做好，也不会在公司中找到自己的立足之地。而考虑到细节、注重细节的人，不仅认真对待工作，将小事做细，而且注重在做事的细节中找到机会，从而使自己走上成功之路。因此，优秀者工与平庸者之间的最大区别在于，前者注重细节，而后者则忽视细节。

一知名企业聘请采购主管。一知名管理学院毕业生甲，一商学院毕业生乙，一民办高校毕业生丙来应聘。

主考官简单地看了一下学历，开始了笔试，结果三人在专业知识与经验上各有千秋，难分伯仲，随后这家公司的总经理亲自面试，他提出了这样一道问题，题目为：

假定公司派你到某工厂采购4999个信封，你需要从公司带去多少钱？

几分钟过后，应试者都交了答卷。知名管理学院毕业生甲的答案是430元。

总经理问："你是怎么计算的呢？"

"就当采购5000个信封计算，可能是要400元，其他杂费就30元吧！"答者对应如流。但总经理却未置可否。商学院毕业生乙的答案是415元。

对此，他解释道："假设5000个信封，大概需要400元左右。另外可能需用15元。"

总经理对这个答案同样没有发表看法。但当他拿民办高校毕业生丙的答卷，见上面写的答案是419.42元时，不免有些惊异，立即问："你能解释一下你的答案吗？"

"当然可以，"那名民办高校的毕业生自信地回答道，"信封每个8分钱，4999个是399.92元。从公司到某工厂，乘汽车来回票价10元。午餐费5元。从工厂到汽车站有一里半路，请一辆三轮车搬信封，需用3.5元。因此，最后总费用为419.42元。"

总经理不觉露出了会心一笑，收起他们的试卷，说："好吧，今天到此为止，明天你们等通知。"

最后，等到录用通知书的是那个民办高校的毕业生丙。

很多时候，成功往往就在一些细小的事情上，并且正是由于这些细小的事情，决定了不同的人有不同的"高度"。所以，如果你想成为一名好员工，那么就应该把做好工作当成义不容辞的责任，而不是负担，要认真对待、注重细节，不能有半点马虎及虚假；做工作的意义在于把事情做出色，而不是做五成、六成就可以了，应该以最高的标准来严格要求自己。

小事成就大事，细节成就完美。有时，看似无关紧要的小事却往往关系到一件事情的成败，关系到个人的前途和命运。作为一名企业的员工，你必须真正了解"平凡"中蕴藏的深刻内涵，关注那些以往认为无关紧要的平凡小事，并尽心尽力地认真做好它。在工作中，真正从小事做起，从细节入手，把小事做好，把细节做得更周到细致，注意在做事的细节中找到机会，这样才能赢得老板的赏识，从而使自己走向晋升之路。

工作中无小事

在军队中流传着这样一句名言：战场上无小事。意思是，在战场说，每一位军官和士兵都要始终保持高度的注意力和责任心，始终具有清醒的头脑和敏锐的判断力，能够对战场上出现的任何一个变化、每一件小事迅速做出准确的反应和决断。而"战场上无小事"同样适用于企业，适用于企业中的每一个人。

在工作中，大事情需要落实到位，小事情也要不折不扣的落实。因为，很多大事情，落实到具体的工作中，就是由无数件小事构成的，假如我们小事落实不到位，大事情也就无法完成。

快餐巨子麦当劳公司，就非常注重对员工"小事"意识的培养。当新员工进入麦当劳公司时，都会得到这样的劝告："工作中的每一件事都值得你们去做，包括那些细小的事，你们不但要做，而且要非常用心去做。因为成功往往都是从点滴的小事开始的，甚至是很多细小入微的地方。"

麦当劳公司之所以如此强调工作中"小事"的重要性，是源于一名员工对一些细微小事的忽略造成了麦当劳公司的巨大损失。

在1994年第15届世界杯足球赛上，麦当劳公司企图抓住商机，一展身手。一位策划人员向公司提出了自己的建议，而且得到了公司的认可。于是这名策划人员便和其他同事紧锣密鼓、加班加点地进行各方面工作的准备。

在开赛期间，麦当劳公司将自己精心制作的印有参赛的24个国家国旗的食品包装袋派发给观众。原本以为这项创意必将受到各国球迷消费者的欢迎，但不幸的是，在沙特阿拉伯的国旗上有一段古兰经文，这受到了阿拉伯人的抗议。在阿拉伯人看来，使用后的包装袋油污不堪，往往被揉成一团，丢进垃圾桶，这被认为是对伊斯兰教的不尊重，甚至是对《古兰经》的玷污。

于是，面对严厉的抗议，这次花费不菲的行动泡了汤，麦当劳公司只有收回所有的包装袋，坐了一回冷板凳，当了一回看客。负责策划的人员也不得不引咎辞职。

麦当劳公司在这一事件中的失败，正是由于忽略了小事、小节才酿成了大错，员工个人也因此丧失了个人发展的平台和机遇，使公司蒙受了巨大损失。

可见，"小事"往往牵连大事，关系全局。在日常工作中，常常是因事"小"而被人忽视，掉以轻心；因其"细"，也常常使人感到繁琐，不屑一顾。但就是这些小事和细节，往往是工作进展的关键和突破口，是关系成败的双刃剑。

世界首富比尔·盖茨也曾这样告诫进入微软的新员工："刚毕业的你，不会一年挣4万美元，也不会成为一个公司的副总裁，并拥有一部装有电话的汽车，直到你将此职位和汽车都挣到手。从小事做起吧，年轻人，不要成为'怀才不遇式'的悲剧人物。"

"千里之行，始于足下"，任何一座宏伟的建筑都是由一砖一瓦堆积而成，同样，工作的落实也是从这一点一滴的积累中获得的。

"无限的爱"日用品和化妆品连锁超市DM在德国遍地皆是。这家企业的老板名叫格茨·维尔纳，现已拥有1370家连锁店、两万名员工，2002年的销售额高达26亿欧元。维尔纳也是同行业中最富有的，2003年年初时他的个人财产已达到9.5亿欧元。

30年前，格茨·维尔纳白手起家创建了DM连锁店。他有自己的一套注重细节的经营理念，有时还会因为注重细节做出一些特别"古怪"的事情。

有一次维尔纳走进一家DM分店时，他要求分店经理拿扫帚来。这家分店的经理把扫帚递给维尔纳，非常疑惑地说："维尔纳先生，我不明白您要它做什么？"维尔纳指着地下的灯光说："您看，灯光的亮点聚在地上，什么作用也没有。"于是，维尔纳用扫帚柄拨了一下上面的灯，让灯光照在货架上。

把灯光照在正确的位置上，维尔纳先生给他的员工做出了表率。这让他的员工很受启发。也让他的员工深刻地体会到了工作中无小事这个道理。

俗话说："大处着眼，小处着手"。如果一个人能够抱着一种积极的心态去对待"做小事"，通过深入实际、刻苦钻研、寻找规律来不断丰富自己，从而"做好小事"，你就有了一个良好的开端，成功就可能在不期然间叩响你的房门。

只有善于做小事的人才能做成大事。细节决定成败，许多看起来微不足道的事，如果你不注意，极可能会影响自己的发展，影响自己的工作和前途。作为一名员工，你必须真正了解"小事"中蕴藏的深刻内涵，关注那些以往认为无关紧要的平凡小事，并尽心尽力地认真做好它。在工作中，甘于做一些小事。通过做这些小事，积累了经验，增强了信心，日后才能干更大的事情。

小事成就大事，细节成就完美

中国道家创始人老子有句名言："天下大事必作于细，天下难事必作于易。"意思是做大事必须从小事开始，天下的难事必定从容易的做起。不要小看小事，不要讨厌小事，只要有益于自己的工作和事业，不论什么事情我们都应该全力以赴。用小事堆砌起来的事业大厦才是坚固的，用小事堆砌起来的工作才是真正的落实工作。

日本历史上的名将石田三成成名之前在观音寺谋生。有一天，幕府将军丰臣秀吉口渴到寺中求茶，石田热情地接待了他。在倒茶时，石田奉上的第一杯茶是大碗的温茶；第二杯是中碗稍热的茶；当丰臣秀吉要第三杯时，他却奉上一小碗热茶。

丰臣秀吉不解其意，石田解释说：这第一杯大碗温茶是为解渴的，所以温度要适当，量也要大；第二杯用中碗的热茶，是因为喝了一大碗不会太渴了，稍待有品茗之意，所以温度要稍热，量也要小些；第三杯，则不为解渴，纯粹是为了品茗，所以要奉上小碗的热茶。

丰臣被石田的体贴入微深深打动，于是将其选在自己幕下，使得石田成为一代名将。

注重细节，就要甘于平淡，认真做好每一件小事，成功就会不期而至，这就是细节的魅力，是水到渠成后的惊喜。

人生就是由许许多多微不足道的小事构成的，智者善于以小见大，从平淡无奇的琐事中领悟深刻的哲理。每个人所做的工作，也都是由一件件小事构成的，但不能因此而对工作中的小事敷衍应付或轻视懈怠。

细节来自于用心。认真做事只能把事情做对，用心做事才能把事情做好。成功者的共同特点就是善于发现常被人们忽视的细节，能把每一件小事做到完美。我们在工作中所做的都是一些小事，都是由一些细节组成的，只有具备高度的敬业精神，良好的工作态度，认真对待工作，将小事做细，才能在细节中找到创新与改进的机会，从而不断获得成功。

美国伯杜饲养集团公司董事长弗兰克·伯杜的成功与懂

得"注重细节"有关。

弗兰克·伯杜家有一个很大的养鸡场。在弗兰克·伯杜10岁的时候，父亲给了他50只鸡让他饲养。当然，这一切是有条件的：一是这些鸡都是父亲挑剩的劣质仔鸡，二是养鸡要自负盈亏。

伯杜欣喜若狂，信心十足地开始了自己的第一次经营活动。由于对养鸡的事一窍不通，于是他便认真观察起来。在伯杜的精心饲养下，那些原本蹩脚的小鸡日渐改观、茁壮成长。后来，这些原本劣质鸡雏的产蛋量远远超过了父亲的那些良种鸡。

父亲对伯杜的评价是："能够注意到细小的环节，并且能够认真实施和改进。"

再后来，父亲将一部分鸡场交给伯杜管理经营。事实进一步证明了伯杜的管理和销售能力，他管理的几个鸡场的效益都超过了父亲。当伯杜19岁的时候，父亲将整个家禽养殖场都交给了男孩儿。

弗兰克·伯杜在回顾自己童年时，他说："注意事物的每一个细节，使我对整体事物的把握更加自信。我后来的一切智慧，无非是在这个基础上更加努力地思考而已。"

凡成大事者都必须从小事做起，注重每一个细节问题。尼克松曾说："伟大乃处处注意细节的积累。"拿破仑说过："从成功到灾难，只有一步之差，我的经验是，在每一次危机中一些细节往往决定全局。"细节就像"一粒石""一滴水"，把工作中的细节事情做好做透，日积月累，成功才会来陪伴你，才能成就伟大的事业。

一般来讲，细节往往能反映一个人的专业水准，突出一个人的内在素质。灿烂星河是因无数星星汇聚而成的，成功的基因也是由一个个细节构成，我们要想开创工作的新局面，实现事业上的突破，就要学会关注细节，从小事做起，并养成处处注重细节的好习惯。这样，才能够一步步向前迈进，一点一滴积累资本，并抓住瞬间的机会，实现工作上的新突破，并让自己具备越来越强的竞争力，在职场中立于不败之地。

认真胜于能力，认真成就人生

世界上任何真正的业绩和伟大的成就，无一不是靠认真努力的工作换来的。认真，就好比人生命运的"发动机"，能激发起每个人身上所蕴含的无限潜能。一个人的能力再强，如果他不愿意付出努力，他就不可能创造优良业绩。而一个认认真真、全心全意做好本职工作的员工，即使能力稍逊一筹，也可能创造出最大的价值。

认真是什么？认真就是不放松对自己的要求，就是严格按规则办事做人，就是在别人苟且随便时自己仍然坚持操守，就是高度的责任感和敬业精神，就是一丝不苟的做人态度。

夏雨应聘到一家橡胶公司，试用期为3个月。到清一色女性的化验室工作，因为缺乏实践经验，她就认真地向这些女师傅们请教，但每一次都受到她们的讥讽。2个月后公司改革，化验室要精简1人，由于业绩不佳而要开除她。还剩下5天的时间，夏雨本来可以和公司结清工资走人，但她决定在这最后的5天里，把工作认真地做完。直到最后一天的下午，她仍一丝不苟，跟第一天上岗一样，把工作台洗擦得一尘不染，把自己曾经用过的烧杯和试管摆放得整整齐齐。经理把这一切都看在眼里，于是，便留下了她。后来经理在一次会上对员工们讲："留她是因为她认真！明天要离开而今天仍能认真地对待工作，这样的员工是非常难得的。"

"认真"是职业道德的一种体现，同时也是一个人品行的反映。只有养成认真的习惯，我们才能充分展现自己的能力，才能在自己的职业生涯中获得成功。学会认真、养成认真工作的习惯，无疑是每个人事业道路上最重要的必修课。

俗话说，态度决定事业成败。不管人生态度有多少种，认真就是其中的最大一种。我们应该摒弃那种只求粗枝大叶的做事方式，养成认真踏实的行为习惯。

认真胜于能力，认真成就人生。对于一件事，做不做由你。但是如果你选择了做，那么就请你认真对待，把它做好。

维斯塔公司是美国20世纪80年代一家最为著名的机械制造公司，很多应聘者都被拒之门外。

以感恩心**做人** 以责任心**做事**

詹姆斯为了能够进入这家公司，不惜从最底层干起。于是，他假装自己一无所长，前去应聘，后来他被分派到生产车间打扫废铁屑。

在接下来的整整一年时间里，詹姆斯认认真真地重复着这项简单而又繁重的工作。尽管他的认真工作得到了公司领导层和员工的一致好感，但仍然没有机会转到其他岗位上。然而他却丝毫不灰心，仍然一如既往地认真对待自己的工作。

1990年年初，因为生产质量问题，维斯塔公司的许多订单纷纷被取消，公司为此蒙受了巨大损失。公司董事会为了挽救颓势，召开紧急会议，寻找解决方案。会议进行了一大半，仍未拿出有效的方案。这时，詹姆斯知道自己的机会来了，于是"擅自"闯入会议室，提出自己的解决方案，并拿出了产品改造设计图。这个设计非常合理，既恰到好处地保留了产品原有的优点，又克服了已经出现的弊病。

公司总经理及董事会成员觉得这个编外清洁工竟有如此精明专业技能，于是詹姆斯当即被聘为公司负责生产技术问题的副总经理。

原来，詹姆斯利用清扫工到处可以走动的便利条件，细心察看了整个公司各部门的生产情况，并一一详细记录，然后花了一年时间针对一些部门生产技术上的漏洞搞设计，终于为自己的职业生涯创造了一个绝好的机会。

詹姆斯即使在最平凡的工作岗位上，也能认真工作，认真钻研，从而获得了公司的赏识与提拔，这种机会不是别人赐予的，而完全是自己认真工作换来的成果。

在一个人的职业生涯中，每一项工作都是一个舞台，每一个舞台都可以给予你得到展示自己的机会。只要认真去对待每一项工作，将脚下的每一步都走好，那么终有一日你会收获成功。

认真的核心就是对自己负责，对自己的工作和前途负责。认真对待工作，认真去付出，才是称职员工应该有的态度！认真工作才是真正的聪明，才是提高自己能力的最佳方法。把工作当做一个学习机会，不断地从中获得知识，为以后的工作打下坚实的基础。认真工作的人不会为自己的前途操心，那是由于他们已经养成了一个良好的习惯，到哪里都会受到欢迎。

我们从事任何一种工作都离不开认真，认真是一个态度问题，树立认真的工作态度是工作圆满完成的前提。俗话说世上无难事，只怕有心人。只要用心做事，再困难的事也能迎刃而解。

认真才是出路。认真的态度，才是事业成功的关键。无论你从事的是什么工作，无论你面对的工作环境是松散还是严谨，你都应该认真工作，不要等老板一转身就开始偷懒，没有监督就不工作。在工作中，你只有锻炼自己的能力，不断地提高自己，加薪升职的事才能落到你头上。反之，如果你凡事得过且过，从不认真工作，那么，等待你的将是失业。

一件事情的成功可以有许多因素，但其中必有一条："认真"。一个人具有这种精神，就能够建功立业。一个团体乃至一个民族高扬这种精神，同样能够出类拔萃。

摒弃"差不多"的错误心态

早在民国时期，胡适先生就写过一篇《差不多先生》，讽喻中国人常见的那种马马虎虎糊里糊涂的生活态度，多么遗憾，这篇文章仍在讽喻今天。

你知道中国最有名的人是谁吗？

提起此人可谓无人不知，他姓差，名不多，是各省各县各村人氏。你一定见过他，也一定听别人提起过他。差不多先生的名字天天挂在大家的口头上，因为他是全国人的代表。

差不多先生的相貌和你我都差不多。他有一双眼睛，但看得不很清楚；有两只耳朵，但听得不很分明；有鼻子和嘴，但他对于气味和口味都不很讲究；他的脑子也不小，但他的记性却不很好，他的思想也不很细密。

他常常说："凡事只要差不多就好了，何必太精明呢？"

他小的时候，妈妈叫他去买红糖，他却买了白糖回来，妈妈骂他，他摇摇头道："红糖和白糖不是差不多吗？"

他在学堂的时候，先生问他："直隶省的西边是哪一个省？"他说是陕西。先生说："错了。是山西，不是陕西。"他说："陕西同山西不是差不多吗？"

后来，他在一个店铺里做伙计，他会写，也会算，只是总不精细，十字常常写成千字，千字常常写成十字。掌柜的生气了，常常骂他，他只是笑嘻嘻地说："千字比十字只多一小撇，不是差不多吗？"

有一天，他为了一件要紧的事，要搭火车到上海去。他从从容容地走到火车站，结果迟了两分钟。火车已经开走了。他瞪着眼，望着远远的火车上的煤烟，摇摇头道："只好明天再走了，今天走同明天走，也还差不多。可是火车公司，未免也太认真了，8点30分开同8点32分开，不是差不多吗？"他一面说，一面慢慢地走回家，心里总不很明白为什么火车不肯等他两分钟。

有一天，他忽然得一急病，赶快叫家人去请东街的汪大夫。家人急急忙忙地跑去，一时寻不着东的街汪大夫，却把西街的牛医王大夫请来了。差不多先生病在床上，知道寻错了人，但病急了，身上痛苦，心里焦急，等不及了，心里想："好在王大夫同汪大夫也差不多，让他试试看吧。"于是这位牛医王大夫走近床前，用医牛的法子给差不多先生治病。不到一刻钟，差不多先生就一命呜呼了。

差不多先生差不多要死的时候，一口气断断续续地说道："活人同死人也差……差……差……不多……凡是只要……差……差……不多……就……好了……何……何……必……太……太认真呢？"他说完这句格言，方才绝气。

他死后，大家都很称赞差不多先生样样事情看得破，想得通，大家都说他一生不肯认真，不肯算账，不肯计较，真是一位有德行的人，于是大家给他取了个死后的法号——圆通大师。

后来，他的声名越传越远，越久越大。无数人都学他，于是人人都成了一个差不多先生——然而，中国从此就成一个懒人国了。

这个故事再好不过地抒写了差不多精神。

在生活节奏加快的今天，"差不多"理念大行其道，很多人凡事都得过且过，要求"差不多就行了"。但工作是万万不可"差不多"的，试想一下，如果我们在面对每一项工作、处理每一个细节时，都存有"差不多"的心理，带着"差不多"的态度，不尽心尽力的去认真对待、去刻苦努力，那么即使我们都用90%的"差不多"标准去对待每一项工作、处理每一个细节，那么到了5个具体环节之后，就只能得到$90\% \times 90\% \times 90\% \times 90\% \times 90\% = 59\%$的"差许多"的成绩了，而绝不会是90%的平均值的成绩。在有些情况下，还可能低于这个分数，甚至最终变成零分或负分，"差不多"就成了"差很多"，成了天壤之别。所以，无论在哪个岗位上，无论做什么事情，都要多问自己几次"真的可以'差不多'吗？差的那一点会给自己、给公司、给顾客带来什么害处？"

小王最近有个业务谈得非常不顺利。小王的公司主要提供网站建设服务，为企业提供电子商务平台产品。最近和某小公司谈业务，可是来来回回已经提交了3份网站建设框架方案建议书了，客户依然不满意。由于是小公司，所以网站建设的费用不是很高，而客户又有太多的要求，小王已经有些不耐烦了。于是他就向经理汇报，准备放弃这个客户了。

经理让小王把方案建议书拿过来看一下，看是不是哪些地方还不完善。经理拿过几份方案书一看，基本上是大同小异，就是零星几个栏目名称有些变动。经理问小王，是否和客户进行过详细交流。小王说因为要跟其他的客户谈业务，所以没有时间。经理又问小王，是否对该企业的平台需求进行过调研。小王说宣传型网站基本上就是这个框架，所以没有调研。

经理一下子就火了，对小王说："你这是对工作负责的态度吗？没有经过调研，没有和客户交流就提交方案书，让你改方案书你就敷衍了事，如果我是客户，我也不接受。"小王嘟囔着说："不是我的责任，主要是客户太挑剔了。就那么点钱，还要这要那的，差不多就可以了。可他偏不干，就没碰到过这么难缠的客户。"

小王的做法就像胡适先生在《差不多先生》中所讽刺的差不多先生。其实，一个人是否富有责任感，并不只体现于大是大非面前，而更多的是体现在小事中。试想一个连小事都不想负责的人，又怎么能担起大事上的责任呢？一个对待工作不谨慎、不细心、马马虎虎、大大咧咧的职员，又怎能完成上级布置的任务呢？

"差不多"是一种消极怠慢的工作和人生态度，其潜伏性和危害性极大。在日常生活中，我们常常可以听到诸如"跟某某做的差不多""干的差不多就行了""看上去差不多一样"等等话语，有些人竟把"差不多"作为了自己的一句口头禅，习以为常，当成了一种对待工作的态度，见怪不怪，导致工作标准低下，工作成绩平淡，甚至出尽洋相。

"差不多"心理是要不得的，尤其是在工作中。"百分之一的疏忽，就可能导致百分之百的失败"。我们必须要摒弃"差不多"的传统的糟粕文化。端正态度，提升认识，强化工作责任心和使命感，思想上绝不做"差不多"先生；重视细节，洗精划髓，坚持每件工作"回头看""认真改"，检查是否有漏洞和差错；自觉坚持一流标准，创一流业绩，不折不扣执行规章制度，防微杜渐，改掉"差不多"习惯。

只有抛弃"差不多"的工作态度，才能够迅速培养起严谨的品格，获得超 凡的智慧，才能让自己从普通员工迈向优秀员工的行列，甚至更高的境界。

第五章 铭记责任：
责任于心，将责任进行到底

融入团队，承担责任

当今企业，越来越要求人们具有团队合作能力。所有成功的事业，都是大家共同努力的结果，如果你想成就一番事业，必须发扬合作精神。只有通过众人的合作努力，才能获得成功，单独一个人必定无法获得成功。

拿破仑·希尔说："那些不了解合作努力的人，就如同走进生命的大漩涡中，他们会遭受不幸的毁灭。'适者生存'是不变的道理，我们可以在世界上找出许多证据。我们所说的'适者'就是有力量的人，而所谓的'力量'就是合作努力。为了获得生命的成就，我们就应该努力合作，而不是单独行动，一个人只要能够和其他人友好合作，才更容易获得成功。"合作是取得成功的重要前提，不能与他人良好合作，你就休想取得良好的工作成果。

在工作中，同事之间有着密切的联系，谁都不能单独地生存，谁也脱离不了群体。依靠群体的力量，做合适的工作而又成功者，不仅是自己个人的成功，同时也是整个团队的成功。相反，明知自己没有独立完成的能力，却被个人欲望或感情所驱使，去做一个根本无法胜任的工作，那么失败的几率也一定更大。而且还不仅是你一个人的失败，同时也会牵连到周围的人，进而影响到整个公司。

哲学家威廉·詹姆士曾经说过，"如果你能够使别人乐意和你合作，不论做任何事情，你都可以无往不胜。"合作是一种能力，更是一种艺术。唯有善于与人合作，才能获得更大的力量，争取更大的成功。

有个年轻人，大学毕业后应聘到一家公司上班。上班的第一天，他的上司就分配给他一项任务，为一家知名企业做一个广告策划方案。

这个年轻人见是上司亲自交代的，不敢怠慢，就埋头认认真真地搞起来。他不言不语，一个人摸索了半个月，还是没有弄出一个眉目来。显然，这是一件他难以独立完成的工作。上司交给他这样一份工作的目的，是为了考察他是否有合作精神。但他不善于合作，既不请教同事和上司，也不懂得与同事合作一起研究。凭自己一个人的力量去蛮干，当然拿不出一个合格的方案来。

由此可见，一个人要想取得成绩，只发挥以一当十的干劲还不够，还必须提高自己的团队合作精神，使整个团队发挥以十当一的功效。只有把自己融入到整个团队之中，凭借集体的力量，才能把个人不能完成的棘手的问题解决。

团队合作是一家企业成功的保证，也是个人成功的前提。团队的力量之所以大于团队成员的个人力量之和，就是因为他们彼此合作的结果。反之，如果一个团队的成员各顾各的，就像一盘散沙，团队的力量一定会远远小于成员的力量之和。所以，要想增强一个团队的力量，就必须树立团队意识，摒弃个人主义，代之以齐心协力的合作意识，扮演好自己的团队角色。

有一家跨国大公司对外招聘三名高层管理人员，九名优秀应聘者经过初试、复试，从上百人中脱颖而出，闯进了由公司董事长亲自把关的面试。

董事长看过这九个人的详细资料和初试、复试成绩后，相当满意，但他又一时不能确定聘用哪三个人。于是，董事长给他们九个人出了最后一道题。董事长把这九个人随机分成A、B、C三组，指定A组的三个人去调查男性服装市场，B组的三个人去调查女性服装市场，C组的三个人去调查老年服装市场。董事长解释说："我们录取的人是用来开发市场的，所以，你们必须对市场有敏锐的观察力。让你们调查这些行业，是想看看大家对一个新行业的适应能力。每个小组的成员务必全力以赴。"临走的时候，董事长又补充道："为避免大家盲目展开调查，我已经叫秘书准备了一份相关行业的资料，走的时候自己到秘书那里去取。"

两天以后，每个人都把自己的市场分析报告递到了董事长那里。董事长看完后，站起身来，走向C组的三个人，分别与之一一握手，并祝贺道："恭喜三位，你们已经被录取了！"随后，董事长看看大家疑惑的表情，哈哈一笑说："请大家找出我叫秘书给你们的资料，互相看看。"

原来，每个人得到的资料都不一样，A组的三个人得到的分别是本市男性服装市场过去、现在和将来的分析，其他两组的也类似。董事长说："C组的人很聪明，互相借用了对方的资料，补齐了自己的分析报告。而A、B两组的人却分别行事，抛开队友，自己做自己的，形成的市场分析报告自然不够全面。其实我出这样一个题目，主要目的是考察一下大家的团队合作意识，看看大家是否善于在工作中合作。要知道，团队合作精神才是现代企业成功的保障！"

由此可见，越来越多的公司老板把是否具有团队协作精神作为甄选员工的重要标准。在知识经济时代，竞争已不再是单独的个体之间的斗争，而是团队与团队的竞争、组织与组织的竞争，任何困难的克服和挫折的平复，都不能仅凭一个人的勇敢和力量，而必须依靠整个团队。作为公司的一员，我们要善于与人合作，把自己融入整个团队中，凭借整体的力量，使自己所不能完成的工作任务解决好。

忠诚胜于能力，把忠诚作为第一操守

在一个企业里，老板需要的是一批忠诚于企业的员工。一项调查结果显示：最受老板器重的员工往往不是最具有能力的那一个，而是最忠诚的那一个。因为忠诚，他们才能尽心尽力，尽职尽责；因为忠诚，他们才能急企业所急，忧企业所忧；因为忠诚，他们才敢于承担一切。

忠诚是人类最重要的美德之一。忠实于自己的公司，忠实于自己的老板，与同事荣辱与共，将获得一种集体的力量，人生会变得更加充实，事业会变得更有成就感。

忠诚是衡量人品的一把尺子，也是职场中最应该值得重视的美德。因为每个企业的发展和壮大都是靠员工的忠诚来维持的，如果所有的员工对公司都不忠诚，等待它的只有一条路——那就是破产，而那些不忠诚的员工也尝到了自己种下的苦果——失业。

如果员工能忠诚地对待工作，老板就会慢慢地委以重任，在这样一步一步前进的过程中，员工就不知不觉提高了自己的能力，获取成功的砝码。

尼利里斯·布鲁伯根是一名德国籍的犹太工程师，由于纳粹德国大肆迫害犹太人，他辗转逃难到了美国。

来到美国，尼利里斯·布鲁伯根幸运地在位于底特律市郊的一家生产机器马达的小工厂，找了一份技术人员的工作。

尼利里斯·布鲁伯根是个对工作极其严谨而富有钻研精神的人，很快他便掌握了马达生产的核心技术。

1923年，该厂的客户福特公司有一台马达坏了，公司所有的工程技术人员都束手无策。正在福特公司上下焦急万分的时候，有人推荐了尼利里斯·布鲁伯根，福特公司于是就派人来请他。

尼利里斯·布鲁伯根到了福特之后，只是要了一张席子铺在电机旁，聚精会神地听了20分钟，然后又要了梯子，爬上爬下忙了很长时间，最后尼利里斯·布鲁伯根在电机的一个部位用粉笔画了一道线，写上"这儿的线圈多绕了16圈"几个字。福特公司的技术人员按照尼利里斯·布鲁伯根的建议，拆开电机把多余的16圈线取走，再开机，电机果然能够正常运转了。

福特公司的总裁亨利·福特先生得知后，对这位技术员十分欣赏，先是给了尼利里斯·布鲁伯根一万美元的酬金，然后又亲自邀请尼利里斯·布鲁伯根加盟福特公司。但是尼利里斯·布鲁伯根却对福特说："对不起，我不能离开那家小厂，因为那家小工厂的老板在我最困难的时候帮助了我，我要与这家小工厂共荣辱。"

福特先生先是觉得遗憾万分，继而又感慨不已。福特公司在美国是实力雄厚的大公司，人们都以进福特公司为荣，而尼利里斯·布鲁伯根却因为忠诚而舍弃如此好的机会。

不久，福特先生做出了一个决定，收购尼利里斯·布鲁伯根所在的那家小工厂。

董事会的成员都觉得不可思议：这样一家小工厂怎么能够提起福特先生的兴趣呢？

福特说："人才难得，忠诚更难得，因为那里有尼利里斯·布鲁伯根。"

尼利里斯·布鲁伯根靠自己忠于原公司的非凡人格魅力，征服了亨利·福特，从而获得了更好的成长机会。

一个人只有具备了忠诚的品质，他才能取得事业的成功。如果你能忠诚地对待工作，就能赢得老板的信任，从而给你以晋升的机会，并委以重任，在这样一步一步前进的过程中，你就不知不觉提高了自己的能力，争取到了成功的砝码。

索尼公司有这样一句话："如果想进入公司，请拿出你的忠诚来。"这是每一个意欲进入日本索尼公司的应聘者常听到的一句话。索尼公司认为：一个不忠于公司的人，再有能力，也不能录用，因为他可能为公司带来比能力平庸者更大的破坏，索尼公司不喜欢"叛徒"。

忠诚一种操守，一种职业道德，强调遵循道德原则的端正品德和行为，强调以诚相待、尽善尽美等，这些操守在今天看来尤为珍贵。作为从业者，不能为一时的利益所冲动，也不能为金钱所诱惑，必须坚持信念，坚持信仰，做到目标始终如一。

一位美国专家通过对几十名成功人士的研究发现，在决定事业成功的诸多因素中，一个人的知识水平、能力的大小占了

20％，技能占了40％，态度也仅占到40％，而100％的忠诚是获得成功的唯一途径，是自我价值得以创造和实现的保证，它使你成为企业真正需要的人。因此，美国一位成功学家曾无限感慨地说："如果你是忠诚的，你就会成功。"

赵凯到一家大型合资公司面试。赵凯的工作能力无可挑剔，但是他们提出了一个使赵凯很失望的问题：

"我们很欢迎你到我们公司来工作，你能力和资历都非常不错。我听说，你以前的公司开发了一个新的财务应用软件，据说你提了很多有价值的建议。我们公司也正在策划这方面的工作，你能否透露一些你朋友公司的情况，你知道这对我们很重要，而且这也是我们为什么看中你的一个原因。请原谅我的直白。"面试官说。

"你问我的问题令我感到失望，同样我的回答也会使你失望的。很抱歉，我有义务忠诚于我的公司，即使我已经离开，无论何时何地，我都必须这么做，与获得一份工作相比，忠诚守信对我而言更重要。"赵凯说完就走了。

赵凯的朋友都替他惋惜，他却为自己所做的一切感到坦然。

没过几天，赵凯收到了来自这家公司的一封邮件。信上写着："赵凯，祝贺你被我公司录用了，不仅因为你的专业能力，更重要的还有你的忠诚。"

忠诚是一个人的安身立命之本。只有具备忠诚品牌的人，才能够赢得他人的信任，受到他人的尊敬，也只有这样的人才能在社会上立足。

在职场竞争越来越激烈的今天，人才之间的较量，已经从单纯的能力对比延伸到了品德方面的对比。在所有的品德中，忠诚越来越得到组织的重视，因为只有忠诚的人，才可能有资格拥有个人品牌。

忠诚的员工就像那些"孺子牛"，总是兢兢业业地工作，不擅离职守，即使工作辛苦，他们也不会投机取巧，放弃工作，更不会为了一己私利而牺牲公司的利益，当公司出现危难、老板出现错误时，他们会义无反顾地挺身而出，或去努力挽救，或去衷心指正。这样忠诚的员工，放在哪里都会发光，任何一个老板都会喜欢。

忠诚是职场中最应该值得尊重的一种美德，因为每个企业的发展和壮大都离不开员工的忠诚。只有全体员工对企业心怀忠诚，大家才能心往一处聚，劲往一处使，进而最大程度地发挥出团队的力量，自己也相应地得到更多的成就感。同时，也使工作成为自己的一种人生享受。

把平凡的事做好就是不平凡

海尔总裁张瑞敏先生在比较中国公司员工与日本公司员工的认真精神时曾说：如果让一个日本员工每天擦桌子六次，日本

以感恩心**做人** 以责任心**做事**

员工会不折不扣地执行，每天都会坚持擦六次。可是如果让一个中国员工去做，那么他在第一天可能会擦六遍，第二天可能也会擦六遍，但到了第三天，可能就只会擦五次、四次、三次，到后来，就不了了之。

有鉴于此，他表示，把每一件简单的事做好就是不简单，把每一件平凡的事做好就是不平凡。

伟大来自于平凡。所谓成功就是把一件平凡的事情不厌其烦的重复去做，最终把它变成不平凡的事情。如果你在平凡的岗位上日复一日，做一天和尚撞一天钟，注定要平凡一生；可如果你在平凡的岗位上勇于开拓，不断创新的话，定能干出一番轰轰烈烈的业绩。所以，没有人注定平凡，也没有人生来而卓越，不同的只是面对工作岗位的态度，轻视平凡的岗位注定成为碌碌无为的庸人。

平凡与平庸首先是一种态度。抱有一种积极态度做事的人，绝对不可能平庸。工作中，我们要秉承这样一个态度：我们是通往伟大道路上平凡的奋斗者，我们在努力创造平凡生命中的不平凡。我们每个人都应该把自己看成是一名杰出的艺术家，而不是一个平庸的工匠，应该永远带着热情和信心去工作。这样，即使再平凡的人也会做出不平凡的事来。

在美国，有一位叫麦克迪的普通邮差，他每天都做着跟其他邮差相同的事情，但他得到了跟其他邮差不同的人生来，他的故事是这样的：

在演说家桑迪尔先生搬入新家后，有人来敲门拜访，这个人正是邮差麦克迪。麦克迪是特地来向桑迪尔先生搬入新家表示欢迎的，而且还作了自我介绍，麦克迪给桑迪尔先生的感觉是，虽然他外貌平凡，却能感受到他内心的真诚和热情的心。所以，桑迪尔先生也礼貌地作了自我介绍，他说自己是一个职业演说家，麦克迪一听了立即问到，那您是否需要经常出门到外面旅行演讲呢？桑迪尔先生回答说："的确是这样的，我一年有一半以上的日子是在外地度过。"麦克迪在听了桑迪尔先生的回答后说："那您不在家的时候，可以把您的信件暂时交给我来保管，等到您回家的时候，我再送过来。"桑迪尔先生听了之后非常地惊讶，并说道："没必要这么麻烦，请把信件放入信箱中即可，我回家后再取也一样的。"麦克迪这样回答说："我是担心小偷看到您的邮箱有过多的信件，会判断您不在家，这样对您的居家安全可能产生不良影响，不如这样，只要邮箱的盖子还能盖上，我就把信件投入，而塞不进信箱的邮件，我会将它隐蔽在您的门外。"

过了一段时间桑迪尔先生去外地出差了。在他回来的时候，果真发现信箱内跟门边排列了一些被整理过的邮件，桑迪尔先生对于麦克迪的专业与贴心，感到非常激动。之后，桑迪尔先生就在各地的演讲场合中，都将麦克迪的事迹跟听众分享，最终得到了一个相当好的效果，听众们对麦克迪的作为表现得是相当入迷与激励。

只要每天用心多一点儿，多一点责任感，就可以在平凡的事业中做出不平凡的成绩，就可以成长为不平凡的人。能把平凡的事情做得不平凡，就是我们梦想中期待的成功。

以感恩心**做人** 以责任心**做事**

平凡的工作看似没有什么深奥之处，也没什么值得你重视的价值，但深究后会发现，平凡的工作照样能让你展现不平凡的风采。如果你表现出积极的踏实的工作态度，说明你具有健康的心态，是一个对工作有热情的人，是一个对工作不挑剔、保证完成任务的人，这样就会使你成为一个让老板信赖的人，而赢得老板的信任后，老板就会把一些重要的工作交给你做，你成功的机率就会增大。

在美国标准石油公司，曾经有一位叫阿基勃特的小职员。他在出差住旅馆时，总是在自己签名的下方，写上"每桶4美元的标准石油"字样，在书信及收据上也不例外，签了名，就一定写上那几个字。他因此被同事叫做"每桶4美元"，而他的真名倒没有人叫了。公司董事长洛克菲勒知道这件事后说："竟有职员如此努力宣扬公司的声誉，我要见见他。"于是邀请阿基勃特共进晚餐。

后来，洛克菲勒卸任，阿基勃特成了公司的第二任董事长。

在签名的时候署上"每桶4美元标准石油"，这本是一件微不足道的小事，严格说来，这件小事还不在阿基勃特工作范围之内。但阿基勃特做了，并坚持把这件小事做到了极致。假如没有对工作充满极大的热情，阿基勃特是不会把这件事做到极致的，更不会取得后来的成就。

在平凡的工作岗位上创造出不平凡的业绩，把简单的事情做得不简单，这就是责任感，这就是对企业的忠诚，正如阿基勃特所做的那样。

工作可以平凡，但态度不能平庸。世间没有卑微的工作，只有将工作卑微化的人。只要树立了积极的工作态度，就能够在平凡的岗位上干出一番事业来。因此，一个人无论从事多么平凡的工作，都要时刻端正态度、好好工作。

任何平凡的人在最平凡的工作中都能做出不平凡的突破。只要每天用心多一点儿，就可以在平凡的事业中做出不平凡的成绩，就可以成长为不平凡的人。全情投入工作，视平凡的工作为毕生的事业，充分焕发热情，你就会感受人生充满热忱时的喜悦，由此你也会享受到人生中梦想成真的浪漫。所以，从现在开始去努力改变我们的工作态度，积极面对每一份平凡的工作、每一个平凡的岗位，才能在最后收获不平凡的结果，不流于平庸。

守口如瓶，保守公司的秘密

现代企业的竞争越来越激烈，为了不给竞争对手以可乘之机，每家公司都很看重自己的商业机密。但是任何一家公司都难以保证其每一位员工都能做到严守公司秘密。现实中，不可避免地会出现员工泄露自己公司商业秘密的情况。有的是因为粗心大意导致泄密，有的是因为员工缺乏商业机密的相关知识而在无意中泄密，有的则是员工由于经不住各种诱惑而恶意出卖公司的机密。如果说是前两种情况导致公司机密泄露，还有情可原的话，那出于个人私利而恶意出卖公司的商业机密，则关系到员工的品德问题。那家公司和老板也不希望看到这样的员工出现在自己的公司。

李强在一家大公司工作，能说会道，才华出众，所以他很快被提升为技术部经理，他认为，更好的前途正在等着他。

有一天，一位外商请李强喝酒。席间，外商说："最近我的公司和你们公司正在谈一个合作项目，如果你能把你手头的技术资料提供给我一份，这将使我们公司在谈判中占据主动。"

"什么，你是说，让我做泄漏公司机密的事情？"李强皱着眉说道。

外商小声说："这事儿只有你知我知，不会影响你在公司的工作的，而且你还将会得到一笔数目可观的情报费。"说着，将20万美元的支票递给李强。李强心动了。

在两家公司的谈判中，李强所在的公司损失很大。事后，公司查明真相，辞退了李强。

本可大展宏图的李强不但失去了工作，就连那20万美元也不给公司追回以赔偿损失。他懊悔不已，但为时已晚，真是赔了夫人又折兵。

保守秘密，是身为员工的基本行为准则，是事业的需要。机密关系到企业的成败，关系到老板的声誉与威望，身为员工一定要牢记病从口入、祸从口出的道理。对保密事宜做到守口如瓶。如果你守口不严，说话随便，思想松懈，说了不该说的话，有意或无意地造成泄密，那么，轻者会使老板的工作处于被动，带来不必要的损失；重者则会给企业带来极大的伤害，造成不可挽回的影响。这是下属对老板的一种极不负责的态度，势必会使老板在各个方面处于不利。这样的事，即使是发生一桩，也会使老板难堪，对你留下不好的印象。所以，事关工作的机密，你一定要处处以企业利益为种，处处严格要求自己，做到慎之又慎。

在诱惑颇多的今天，人很容易背叛自己的忠诚而出卖别人或公司，而能够守护忠诚度就显得更加可贵。坚持自己的忠诚，需要鉴别力也需要抵抗诱惑的能力，并能经得住考验。当你忠诚于你所在的企业时，你所得到的不仅仅是老板对你更大的信任，还会有更多的收益。

一个不为诱惑所动、能够经得住考验的人，不仅不会失去机会，相反会赢得机会，并赢得别人的尊重。做一个有职业道德的人，最起码的一点，就是要保守公司的秘密，这是对每一位员工的要求。所以，这个行动从工作的一开就要付出。

同呼吸共命运，与公司风雨同舟

有人曾做过一个形象的比喻：公司就好比是一条航行于惊涛骇浪中的船，老板是船长，员工是水手，一旦上了这条船，员工、老板和公司的命运就连在一起了。

的确如此。你就职一家公司，从事一种工作，你就是公司这条船上的一分子。这条船能否抵御得住市场大潮和竞争对手的冲击，与你有着密不可分的关系。这就需要你有同舟共济、团结协作的精神，这就需要你能够与公司同呼吸共命运，视公司的荣辱成败为自己的荣辱成败；需要全体员工同心同德，步调一致，凝成一股劲，形成一个无坚不摧的团队，朝着既定的目标前进。

强生公司总裁詹姆士·伯克说过："没有公司的赢，就没有员工的自我价值的实现；没有公司的赢，也就没有员工的发展。但是如果没有双赢，就没有企业的长盛不衰。员工成长是公司发展的动力，公司发展是员工成长的根基，只有共同成长才能实现双赢。"从这个意义上说，公司的兴亡不仅和公司里每一位员工的切身利益有着直接的关系，而且还维系在企业的每一位员工身上。

周某仅用两年的时间便从一名普通的接线员晋升为销售部经理。她晋升的秘诀是这样：她在报纸上看到一则招聘广告，是一家汽车销售公司招前台接线员，待遇还可以。于是，周某按照上面提供的地址去应聘了。谁知公司对接线员的要求竟然不高，老板只简单问她几个问题，并看了她的简历，就决定录用了她。

这家汽车销售公司规模很小，代理的品牌只有两种，全部职员加起来还不到二十人。周某的工作是负责向客户提供一些信息和咨询服务。由于人手不够，她经常加班干活。

因为周某工作十分努力，并且用甜美的声音为公司挽留了很多潜在的客户。这使老板很满意，于是把两个月的试用期缩短为一个月。

试用期结束后，周某便被调到老板办公室。工作除了接电话还负责收发文件，偶尔还替老板起草文件，制订行程安排等。这份在很多人看来很琐碎的辅助性工作，她却做得津津有味。

正在公司蓬勃发展的时候，公司出现了下滑的状况。由于该公司代理的一个重要的品牌出现了质量的问题，并且在报纸上曝了光。公司的业务一落千丈，市场被一些资金雄厚的代理商纷纷吞噬，不少同事跳槽去了别的单位。

受同事跳槽的影响，在看到一个很有名气的汽车销售公司招聘人员的消息后，周某也偷偷地去应聘了。

没想到对方竟当场录用她。这时周某又开始犹豫不决了。如果在这种情况下离开公司，她总觉得良心上过不去，对不起老板。

所以，尽管那家公司名气很大，薪水也比她现在的高。但她还是谢绝了那家公司，留了下来。

由于大多数员工的离去，公司的销售人员处于紧缺状态。在这种情况下，公司根本招不到新员工，因为没有人愿意到一家刚被曝光的公司工作。为了帮助老板渡过这一次难关，她想把自己培养成一名出色的销售人员。

汽车销售并不是一项轻松的工作，它的专业性很强，要求对各种车和部件的性能了如指掌。只有经过有关部门的专业培训，拿到销售技巧、产品知识两项证书，才能从事汽车的销售工作。为了早日拿到销售证书，她开始广泛涉猎市场管理、市场营销和许多以前没有去考虑过的东西，开始阅读汽车方面的书籍。

同时为了对汽车的制造、公司的营运有一个全面深刻的认识。她利用机会到汽车生产商各个生产车间进行不定期的学习，并参加各种汽车销售培训活动。

经过半年的充电，使本来对汽车一窍不通的她，成了半个"汽车通"，并顺利地拿到了销售技巧、产品知识两项证书。在老板的支持下，她转到了销售部。

随后，在老板的支持下，加上她个人的努力……周某终于被任命为销售部经理。

回首两年的风风雨雨，周某觉得最大收获就是渐渐地认识了自己，包括自己的潜能和对自己的定位。最大的成功是做到了与公司、老板风雨同舟。

从上面的这个故事，我们可以看出，对每个员工来说，与公司共命运永远都是他的神圣职责。任何时候，你都应该与老板风云同舟，无论遇到什么情况，你都应该负起责任来，与公司共命运，全心全意做好你的工作。只有永远忠诚于公司的员工才会是一个优秀的员工，才会有所成就。如果你对工作不负责任，这艘船也许就会因为你的失职而沉入大海。

公司是每个员工发展自我、展现自我的一个舞台，不但为我们提供了生存的资本，还提供了我们成长和发展的空间。员工的成长需要依靠公司搭建的平台，有赖于公司的成功与发展。作为公司这艘航船上的船员，每名员工都需要全力以赴，把自己与公司的命运结合在一起，展现自我实力与能力，同公司一起成长，最终实现个人与公司共同和谐双赢。

　　有一家公司主要从事家电产品的区域销售工作，由于老板的经营不善而濒临倒闭。这时候，公司的很多员工，只关心自己的未来会如何，只关心自己还能不能按时拿到薪水，陆续有人离开了这家公司。

　　但有一位员工，从公司有困难开始，都自始至终没有向老板提出过辞职。在公司无法发放工资的情况下，即使外面很多公司提出了高薪聘请他的想法，他仍然认真努力地工作。可惜的是，他无法改变公司的命运，公司最后还是倒闭了，但是他却在行业里赢得了非常好的口碑，以前的竞争对手纷纷向他抛出了橄榄枝。最后通过原来老板的推荐，他去了一家家电企业做了营销经理，实现了事业上的一个大跨越。

　　这个世界并不缺少卓尔不群的人，而是缺少能与公司共命运的人。无数的企业都在努力寻找这样的人，然而，在很多职员的眼里，似乎从来没有把公司发展当成自己的己任，而是想方设法去谋取更高的薪水。一旦公司出现什么危机，这些人心里永远只有自己的利益，他们会以最快的速度跳下这艘漏水的船，而不会想着如何去抢救和保护它。这样的人也许能够谋取一份可以生存的工作，但永远也难以在一生中取得任何成就。

　　工是企业的主人，公司的兴亡不仅和公司里的每一个员工的切身利益有着直接的关系，而且还维系在公司的每一位员工身上。任何一个公司的发展过程中，都会出现起伏的状况。如果你所在公司出现危机或者步入低谷时，你是否能做到与老板同舟共济？如果你做到了，你必然会受到老板赏识，一旦公司出现转机，你就会得到丰厚的回报，那就是更高的职位和更多的薪水。所以，当你登上了公司这条船，你就必须和公司共命运，必须和老板共进退。